不便益の実装

バリュー・エンジニアリングにおける新しい価値

著者：澤口 学・川上 浩司・松澤 郁夫
宮田 仁奈・西山 聖久・Emanuel LELEITO

はじめに

2015年，公益社団法人日本バリュー・エンジニアリング協会（以下，VE協会）の研究組織バリューデザイン・ラボに，「不便益＆VE研究会」が発足した．当時不便益とは聞き慣れない言葉であったが，20年ほど前から京都大学を中心に研究が進められているデザイン学の一分野である．2015年7月にVE協会スキルアップセミナーの一環として不便益ワークショップが開催され，バリュー・エンジニアリング（VE：価値工学）の専門家の知るところとなった．当時の講義資料の表紙には，「不便だからこその価値があるシステム」と示されていた．日頃から価値向上を追求しているVE専門家にとって，同じ文脈の中に「不便」と「価値」という表現が含まれていることに違和感を覚え，関心が寄せられるに至った．その理由はいささかユニークなものだったと思う．

不便益とは，「不便だからこそ得られる効用」を意味する造語である．「だからこそ」というニュアンスが重要なようであり，「だけれども」との違いに不便益という概念を理解する上での重要な手掛かりがある．不便を我慢することによって結果として得られる効用を期待するのではなく，不便を積極的に楽しみ生かすことで，そうすることでしか得られない効用を享受することができるのではないか，ということである．これは前述のセミナーで講師から教えてもらった，不便益を理解する際の考え方・心構えのようなものであるが，まだまだ違和感は完全に晴れたわけではなかった．

VEの各種手法を用いて向上させる使用機能（製品やサービスを設計者の意図通りに働かせるために必要な実用的な機能）は，一般には便利さを追求するものであり，直感的には不便益とは逆の方向を向いていると考えられる．一方，もう一つの機能である魅力機能（形状・色彩・見た目の印象・感覚といった美的な観点で使用者に訴える機能）は，使用機能を具現化した製品・サービスを使用者に所有したいと思ってもらえるよう付加される機能であり，それゆえに使用機能の実現を妨害してはならないと考えられる．ところが，不便益を得るためには使用機能を積極的に妨害することもあるのだという．このように考えると，不便益とVEは相反する考え方を持つように思われてくる．使用者にとっての価値（満足の度合い）を追求するという点では，VEも不便益も共通の価値観を持つと考えられるにも関わらず，真逆のアプローチをするというのは，何ともユニークではないか．

本研究会は，不便益の研究者と，VEと不便益を引き合わせた仕掛人と，前述のセミナーで違和感を覚えたVE専門家が意気投合してスタートした．その後，社会課題解決のワークショップへの適用を試みたエンジニアや，教育分野や防災・減災に関連付けた研究者が加わり，6名での研究活動となった．そして，約5年間の研究を経て本書の執筆に至ったものである．相反する考え方を持つ不便益とVEとの間に折り合いを付けたのは，第三の機能として本書で提案する「不便益機能」である．そして，この不便益機能を積極的に意図的に製品やサービスに付加することで，変化の時代に合った新しい商品開発に寄与できるのではないかと考えている．

「アイデアとは既存の要素の新しい組み合わせ以外の何ものでもない」とは，ジェームス・W・ヤング氏の言葉だが，「不便益&VE」の新しい組み合わせによって生まれたアイデアが，組み合わせるまでは誕生しなかったであろう価値を創造することを期待している．

それでは最後に，本書の構成を簡単に紹介することにしよう．

「第1章 日本のモノづくり産業の発展経緯と未来への提言」では，日本社会を取り巻く環境や経済発展の変化に応じて，IE(Industrial Engineering)，QC(Quality Control)，VE(Value Engineering)といった管理技術が，日本のモノづくり産業にいかに貢献してきたかについて述べている．商品に対する価値観の変化を「不便vs.便利」と「害(harm) vs.益(benefit)」という2軸の視点を意識して，狩野モデルも絡めながら，体系的に整理した．戦後以降の日本のモノづくり産業の変遷を体系的に理解したい読者には，この章は必須である．

「第2章 VEにおける第三の機能」は，VEの観点から今後のモノづくりアプローチの一つの可能性を提案した内容になっている．具体的には「不便益機能」なる「第三の機能」を提唱し，従来の2タイプの機能（使用機能と魅力機能）では網羅できない，ある程度の不便を能動的に受け入れ益を得るモノづくりの可能性に関して，多数の具体例を交えて紹介している．

「第3章 世界のモノづくりアプローチと不便益」では，ハイエンド追求の従来の先進国型モノづくりアプローチの限界に触れつつ，改善活動や新興国のユニークなモノづくり思考が，第2章で提案した第三の機能である不便益機能と親和性が高いことを示した内容になっている．また一見するとモノづくりとの関係性が希薄に思える現代社会の防災・減災のあり方にも，不便益コンセプトが極めて有効であることを述べている．

「第4章 不便益を実現するデザインアプローチ」では，不便益機能を実装するための具体的な手法（メソッド）を，VEの機能分析を交えながら身近なケースに当てはめ，実践する目線で詳細に紹介している．

最後にこの本を執筆するにあたり，出版の機会を与えてくれた近代科学社の石井沙知さんや，不便益＆VE研究会の主催団体である公益社団法人日本VE協会の宮本事務局長や事務局スタッフの小野玲子さんには，この場を借りて深く感謝するものである．特に小野さんには，約5年間に及ぶ本研究会において，研究会議事録を38回にも及んで的確かつ迅速に作成していただいた．この多大な貢献に対して，改めて敬意を表したいと思う．

2020年6月

代表著者　澤口 学，川上浩司
公益社団法人日本バリュー・エンジニアリング協会
不便益＆VE研究会

目次

第3章　世界のモノづくりアプローチと不便益

第4章　不便益を実現するデザインアプローチ

第1章

日本のモノづくり産業の発展経緯と未来への提言

20世紀に入り，製品の量産化に寄与する科学的管理法が登場し，モノづくりに管理技術という役割が登場した．本章では，管理技術の視点から，日本のモノづくり産業における商品価値の変遷を時代の節目ごとに考察してゆく．そして，今後は機能や品質要素の加算系が商品価値の向上に直結するとは限らないことを確認し，逆に利便性を減らしても満足感を得られるモノづくりもあり得ることを学ぶ．なお，モノづくり産業には，改善・現場力を重視するサービス業も含めることにする．

1.1 日本のモノづくり産業の発展と商品価値の変遷

1.1.1 モノづくりの発展に寄与する管理技術

人類は産業革命以来，科学技術（固有技術）の進歩によって数々の工業製品を世に送り出してきた．特に20世紀以降は工業製品の量産化を大前提にした生産管理が重要になり，1911年にはテーラーによって「科学的管理法」が発表され，IE(Industrial Engineering)が誕生した．IEはもともと，製造現場の標準化を目指した工程管理の技術であり，管理技術の始まりを意味する．

その後も管理技術は固有技術とともに発展し，1924年にはSQC(Statistical Quality Control)が提案され，品質管理に多大な貢献をしている．SQCは，統計的方法を駆使して製品工程の品質管理や工程改善を遂行するための技術である．また，1947年にはVE(Value Engineering)も開発され，効率的な設計管理や原価管理面で大きな役割を担っている．VEは，製品・サービスの機能を低下させずに，製品のライフサイクルコストの低減から価値向上を目指す一種の設計技術である．

これらの管理技術は，固有技術の発達と連携する形で世界のモノづくりに大きなプラスの影響を与えてきた．つまり，多種多様な工業製品が，生産計画通りに適性品質（適正な要求機能の達成度）で，安価に使用者の手に供給することが可能になり，多くの便益が世界の人々（当初は先進国中心）に提供されたのである．なお，『大辞林』第三版によると，便益とは「便利で有益なこと」を意味するので，本書ではこれ以降，便益のことを「便利益(Benefit of Convenience)」と呼ぶことにする．

21世紀に入り，コンピュータ科学(computer science)の発展により，AIと連動したIoTが注目される高度情報化社会が実現されている。その一方で，究極の自動化技術の探求によって，シンギュラリティなどのようにAIが人間の創造的思考力を超えるといった説も流布され，人間の尊厳に関わる問題も顕在化してきている．これらの現象は，ある意味，人類にマイナスの影響を与える「便利害(Harm of Convenience)」とも言えるのではないだろうか．これは，前述した便利益とは対極的な概念である．

現代社会では，経済成長真っ只中の新興国の人々をはじめ，多くの人々が，工業製品やサービス産業が提供する便利益を望んでいる．その一方で，英仏独などの欧州では，利便性の象徴とも言える24時間営業の日本式コンビニ(CVS)はほとんど目にすることはない．この背景には，歴史的な建造物や街並みへの配慮と共生があるのかもしれない．

このような背景に鑑みると，便利一辺倒ではなく，個人の生きがいや達成感を第一に考えたモノづくりアプローチがあってもいいのではないだろうか．本書では，便利害を回避する一つのトリガーとして，「不便益(Benefit of Inconvenience)」という概念に着目することにした．

最終的には，機能本位思考によるモノづくりアプローチであるVE/VM (Value Methodology)に，第三の機能として「BI-F (Benefit of Inconvenience-Function：不便益機能)」の概念を導入して，経済の急成長期を経て，社会成長期を迎えた国や地域に適した次世代型VE/VMメソッドを提案する．なお，社会成長期とは，「利便性追求の経済的発展一辺倒ではない，安全・安心で，個人の自己実現が可能な社会を目指す時代」という意味の，筆者が提案する造語で，「AIからBIへ」がスローガンであると言える．とはいえ，AIの発展を単純に否定するのではなく，強調したいのは，AIとBIの共存・共生である．

1.1.2 戦前のモノづくり産業

(1) 明治以降の日本のモノづくり産業の特徴[1-4]

明治新政府は，富国強兵・殖産興業政策のもとで欧米の技術（主に固有技術）を導入し，軍需産業，造船，鉱山，紡績など日本の基幹産業を育もうとした．この時代に，米国では管理技術の原点とも言えるIEによる「生産管理」とQCによる「品質管理」が誕生した．IEの根幹をなすテーラーの「科学的管理法」は1911年にリリースされているし，QCも，統計学者のシューハートが1924年に発表した「管理図の理論」が始まりと言われている．なお，IEはテーラーの晩年（1915年頃）には，日本にも紹介された．

このような産業育成の結果，自前の技術者の養成が進み，日本独自の工業も育ち始めた．その結果，大正時代の後半（1920年代）には，鉄道省工作局や，日本を代表する民間企業でテーラー・システムが導入され始めた．例えば，大正9年（1920年）のライオン歯磨（現在のライオン（株））の厩橋工場での「粉歯磨き製造作業の改善」や，大正10年（1921年）の福助足袋での「足袋製造作業の改善」は，本格的にIE理論を活用し，成功させたケースとして知られている．

これらのIEコンサルティングは，日本にIEを最初に紹介した上野陽一（現在の産業能率大学の創立者）によって実施された．しかし，その後の第二次世界大戦の激化に伴い，戦後を待つまでその普及が停滞したのは，誠に残念なことである．

また米国では，工業製品の品質を科学的に管理していくSQC（統計的品質管理）も，モノづくり産業の発展に多大な貢献をした．このSQCの発展の大きなトリガーになったのは第二次世界大戦であり，各軍需工場で生産される莫大な軍事物質の品質管理に非常に役立った．

一方，日本では，戦時の末期に数理統計学者が軍の嘱託となり，一部の軍需工場の生産工程に対して統計的手法が試みられたようだが，日本産業全体に本格的にQCという言葉が紹介されたのは戦後である．

当時の日本には，職人の領域において一品一品丁寧に作るという品質本位の考え方はあったものの，残念ながら工業製品において品質を維持・管理するという考え方はなく，対外的には「日本製品＝悪かろう安かろう」というイメージが定着していた．したがって米国も，日本の戦後復興の手段として，QCの導入は欠かせないと判断したのである．

（2）伝統的なモノづくり思考からの転換期[5]

前述した品質本位の考え方は，江戸時代初期（17世紀）に登場したからくり人形の製作技術（からくり技術）や，伝統的な工芸品や宮大工といった，日本独自の「手先の器用さ」や「職人技」を強調した伝統的なモノづくり思考から育まれてきたものと推察される．その一方で，明治以降，欧米から先端固有技術も積極的に取り入れ修得し，三菱零式艦上戦闘機（1940年）や戦艦大和（1941年）を開発した技術力が証明するように，当時，日本の固有技術力がすでに世界一線級に育っていたことも確かである．このように日本人は，伝統的な技術（技能）と先端技術をバランス良く融合させて，戦前から日本独自のモノづくり方式をかなりの程度作り上げていたと言える．

しかし，戦前の帝国日本は，旧制大学工学部や旧制高等工業学校（工業専門学校）等の高等工業機関の優秀な技術者を，軍需産業など基幹産業の基礎研究や設計部門に重点的に配属し，生産技術や量産技術部門へはほとんど配属しなかったと言われている[6]．つまり，IEやQCなどの管理技術が軽視されたということである．これが戦前の日本のモノづくり産業の特徴であるとともに，限界でもあった．第二次世界大戦で米国に敗れたのは，モノづくり体制の面から言っても必然だったのである．

敗戦後の日本は戦前の弱点を大いに反省し，現場の重要性を再認識した．その結果，生産管理や品質管理にも優秀な技術者を配置し，品質本位中心の日本の伝統的なモノづくり思考に米国式の科学的モノづくりアプローチを合体させて，戦後から高度成長期にかけて，日本の強固かつユニークなモノづくり体制を構築していったのである．このプロセスを整理すると図1.1のようになる．

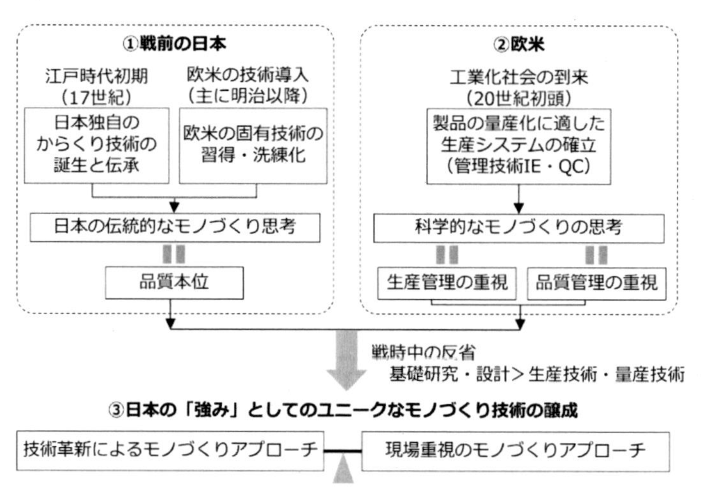

図1.1　日本独自のモノづくり体制への発展プロセス

1.1.3 戦後復興期のモノづくり産業

前項で触れたように，IEの本格的な導入が進んだのは戦後である．GHQ（連合国軍総司令部）のCCS（総司令部民間通信局）主催の「IM（Industrial Management：産業経営）トップセミナー」によって日本企業の経営者は改めてIEの必要性を認識させられ，これを契機に全国で幅広くIE活動が再開されるようになった．

QCに関しては，前述したように，実質的には戦後初めて日本に導入されたと言っていいだろう．こちらもCCS主催の「CCS経営講座」が最初である．その後，昭和25年（1950年），統計学者のデミングが来日して，日本の品質管理（この場合はSQC）は著しく発展を遂げている．

終戦後の10年間，日本は物資不足や技量不足に直面した．したがって，工業製品の量産化に向けて，不便な状態を解消するために，IE，QC等による生産管理や品質管理の導入が本格的に図られた時代だと言ってよいだろう．

この時代以降の日本のモノづくり産業の発展経緯を考察する前提として，時代ごとに活用頻度の高かった管理技術と機能・品質の観点を絡めて，図1.2に示す線表（主な用語説明は後述）に整理した．

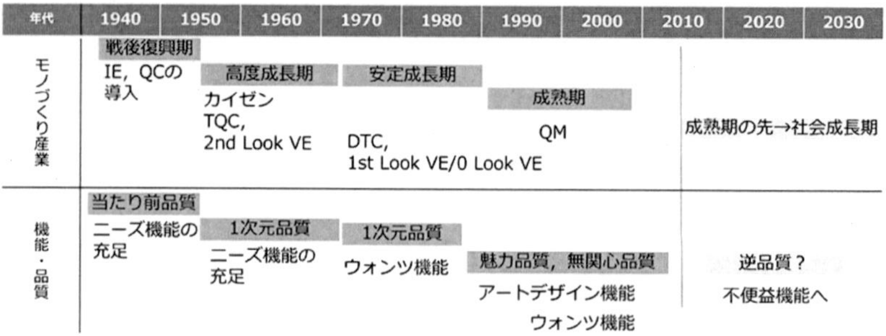

年代
1940
1950
1960
1970
1980
1990
2000
2010
2020
2030
モノづくり産業
戦後復興期
IE，QCの導入
高度成長期
カイゼン
TQC,
2nd Look VE
安定成長期
DTC,
1st Look VE/0 Look VE
成熟期
QM
成熟期の先→社会成長期
機能・品質
当たり前品質
ニーズ機能の充足
1次元品質
ニーズ機能の充足
1次元品質
ウォンツ機能
魅力品質，無関心品質
アートデザイン機能
ウォンツ機能
逆品質？
不便益機能へ

TQC: Total Quality Control, DTC: Design To Cost, QM: Quality Management

図1.2　モノづくり産業の変遷と機能・品質の要求の変化

1.1.4 高度成長期のモノづくり産業

1955～1973年の高度経済成長期には，IEやQCの急速な普及によって，大量に安価な製品を製造することが可能になり，製造業を中心に全社的にTQC（Total Quality Control：全社的品質管理）活動も展開され，日本製製品の高品質が欧米に認知された

TQCは，米国のGE社で品質管理部長を務めたファイゲンバウムによって提唱された概念に近い．つまり，品質管理は製造工程のみならず，製品の開発段階から行うべきであり，さらには会社の事務部門に至るまでの総合的品質管理が重要であるとした企業経営の考え方が，根底にある．

なお，TQCの名称は，1997年にTQM（Total Quality Management：総合的品質管理）に変更になり，現在に至っている．基本的にTQCとTQMの手法自体に大きな違いはないが，あえて言えば，TQCはボトムアップ型で，TQMはトップダウン型の運営方法である．

この時代の特徴は，QM（Quality Management：品質経営）や「狩野が提唱する5つの品質要素（狩野モデル）」（表1.1）における「当たり前品質」を安定的に実現することで使用者の満足度を高めたことである．狩野モデルとは，顧客の求める品質をモデル化した考え方であり，東京理科大学名誉教授の狩野紀昭が提唱し，海外でも“Kano Model”として有名である．

表1.1　狩野が提唱する5つの品質要素

5つの品質要素		事例：スマートフォン
重要な3つの品質要素	**当たり前品質** →不充足だと不満，充足されて当たり前	通話音声（音が良くて当たり前，聞き取りづらいと不満）
	一元的品質 →不十分だと不満，充足されると満足	バッテリーの持ち（稼働時間が長ければ満足，短いと不満），重量など
	魅力品質 →不充足でも仕方がない（不満には思わない）が，充足されれば満足	ハイレゾ音源（あればよいが，なくても不満ではない），曲面液晶など
無関心品質 →満たされていてもいなくても顧客の満足度に影響なし		Siriなど，音声入力に無関心な人には影響なし
逆品質 →充足されると顧客が不満に思い，不充足だと顧客が満足		音声ガイダンスが常にあるナビ（音楽をじっくり聴きたいドライバーには充足が不満）

1973年にはオイルショックが発生して景気が停滞し，また為替レートが固定相場制から変動相場制に移行したこともあり，この年を境にして日本は高度成長期から安定成長期に移行した．

1.1.5 安定成長期のモノづくり産業

1973～1991年の安定成長期は，高品質な製品が前提でありつつも，市場に商品があふれた時代に重なる．また，オイルショックをきっかけに変動相場制に移行したため，円高ドル安基調になった．

これに伴い，自動車や弱電メーカー等の輸出系産業を中心にVEの導入が進んだ．表1.2に示す「顧客が望む機能タイプ」の中でも特にニーズ機能が注目され，既存製品の再設計に対応したVEである2nd Look VE（製造段階のVE）によって，原価低減活動が積極的に実施された．

一方で，特にこの時代の後半では，製品の差異化とDTC(Design To Cost)も進んだ．新製品の設計に対応したVE活動である，0 Look VE（企画段階のVE）/1st Look VE（開発・設計段階のVE）による多機能化の実現で高付加価値商品が生み出され，さらに便利益が追及されたのである．

この時期の特徴は表1.2の「ウォンツ機能」や「アートデザイン機能」[7]が使用者の満足度を高めたことであると言える．

表1.2　顧客が望む機能タイプ

分類	顧客が望む機能	事例：スマートフォン
使用機能	＜ニーズ機能＞ 直接的な貢献をする実用上の機能の中で特にその製品の根幹に関わる機能	「（移動中の）音声による情報伝達を可能にする」，「Eメールやメッセージによる情報伝達を可能にする」，「写真を撮る・撮った写真を送受信する」など
	＜ウォンツ機能＞ ニーズ機能以外の実用上の機能でより一層の顧客の満足度アップに貢献する機能	「好きなAPPをダウンロードする」，「好きなAPP（ゲーム）を行う」など
魅力機能	＜アートデザイン機能＞ その製品をより一層所有したいと思わせるデザイン面（色，形，質感など）の魅力機能であり，顧客の視覚にアピールする機能，ロゴなども入る	「薄型でスマートな形状」，「明るくカラフルなケース」など
	＜レター機能＞ その製品を一層欲しいと思わせるネーミングやキャッチフレーズ面での魅力機能であり，主に顧客の語感に訴える機能	iPhone Xなど

1.1.6 バブル経済崩壊後のモノづくり産業

1991年のバブル崩壊から現在にかけて，一見便利そうに見える商品の多くが，実は過剰品質，過剰多機能化，デザイン偏重（単に奇抜なだけ）に陥っていることに，多くの使用者が気付いた．デザイン偏重は結果的に使い勝手を妨害し，過剰な便益の追求は，かえって使用者の自己達成感等を低下させる場合がある．

有名な狩野モデル（図1.3）は，価値を生み出す3つの品質要素にフォーカスしたものであり，原則的には3つの品質要素が加算されることにより，満足感が高まることを示唆している．しかし，狩野が提唱する5つの品質要素[8]（表1.1）を深掘りすると，その中の「無関心品質」や「逆品質」は付加価値を創造しないことに気付く．特に逆品質は，上記のデザイン偏重から生ずる不便害や，過剰多機能化による便利害に類似した状態を示唆していると言えるのではないだろうか．狩野の提唱した5つの品質要素は非常に含蓄に富み，現在でも十分通用する概念だと言える．

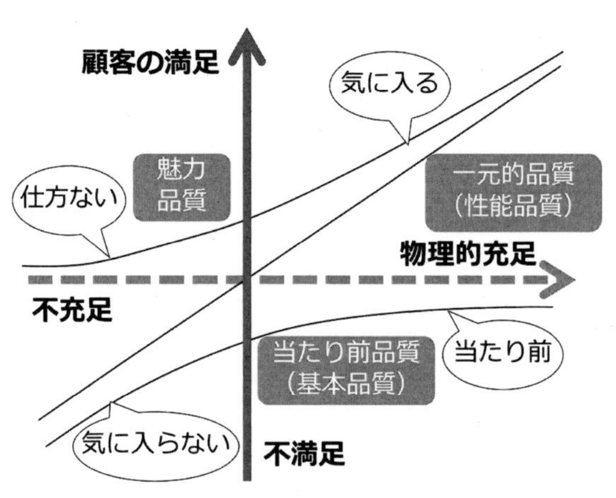

図1.3　顧客の満足度を示す狩野モデル[9]

1.2 VEの現状と今後向かうべき方向

1.2.1 現在のVEで対象とする機能

日本のモノづくり産業におけるVEの導入は，早い企業では高度成長期からであるが，大半はオイルショック後の安定成長期からであり，理由としては，主にコスト低減に有効な管理技術として認知されたことが大きい．しかし，1980年代後半以降は，0 Look/1st Look VEといった，高付加価値の実現を目指した製品開発・企画段階のVEも徐々に試みられるようになった．

VEで対象とする機能は「使用機能(useful function)」がメインではあるが，上記のような背景から，耐久消費財などについては，付加価値の向上を目指して，使用者に所有したいと思わせる意匠性や美観に関わる「魅力機能(esthetic function)」を扱うケースも多くなっている．使用機能は，使用者が「必要か不必要か」で判断する性質のものである．一方，魅力機能は，「好きか嫌いか」で判断される（図1.4)．

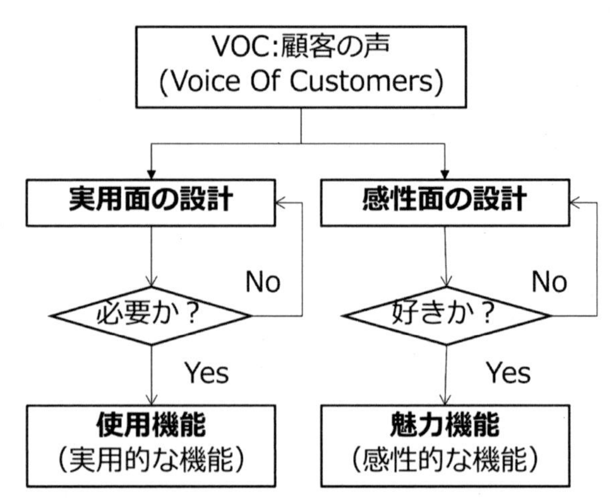

図1.4　VEにおける使用機能と魅力機能の位置づけ

このように性質が違う2つの機能ではあるが，使用機能は狩野モデルの当たり前品質と一元的品質，魅力機能は魅力品質にほぼ対応している．したがって，現在のVEでは，①コスト低減による価値向上(↑)V = F(→) / C(↓)以外は，いずれも新機能の加算や既存機能の達成度アップでの価値向上，すなわち使用者の満足度を高める3パターン，②機能を上げてコスト低減も実現する(↑)V = F(↑) / C(↓)，③コストは維持して機能向上を図る(↑) V =F(↑) / C(→)，④コストは増えるがそれ以上に機能を向上させる(↑) V = F(↑ ↑) / C(↑)が大前提になっていることが分かる（表1.3）.

表1.3　現在のVEにおける価値向上のパターン

	コスト低減に対応	狩野モデルの重要な3つの品質要素(当たり前品質，一元的品質，魅力品質)の向上にほぼ対応		
価値向上（value-up）のパターン	①	②	③	④
	$\uparrow V=\dfrac{F\rightarrow}{C\downarrow}$	$\uparrow V=\dfrac{F\uparrow}{C\downarrow}$	$\uparrow V=\dfrac{F\uparrow}{C\rightarrow}$	$\uparrow V=\dfrac{F\uparrow\uparrow}{C\uparrow}$

1.2.2 社会成長期に相応しいVE/VMの提案

前項で述べた通り，仕様機能と魅力機能だけが価値向上の前提だとしたら，最近世界的に注目されているSDGsを志向する現代社会の価値観を全て網羅できるだろうか.

SDGsとは，エス・ディー・ジーズと呼称され，Sustainable Development Goalsの頭文字を取った略語である．日本語に訳すと「持続可能な開発目標」となる．17個の目標をセットとして捉えて，世界共通の成長戦略として位置づけており，2015年9月25日の第70回国連総会で採択された「持続可能な開発のための2030アジェンダ」の中に示されている[10].

例えば，目標1「貧困」や目標2「飢餓」の解消などは便利益の提供で解決できるかもしれないが，目標8「経済成長と雇用」では，「包摂的かつ持続可能な経済成長及び全ての人々の完全かつ生産的な雇用と働きがいのある人間らしい雇用（ディーセント・ワーク）を促進する」[11]必要がある．このためには，利便性追求の経済的発展一辺倒ではなく，安全・安心で，個人の自己実現が可能な社会を目指さなければならない．また目標16「平和」は，先進国，新興国，開発途上国を問わず，独自の文化と宗教感に基づく多種多様な価値観の中で共生する現代社会を目指すものと解釈できる.

このような社会成長期である今こそ，使用機能や魅力機能とは異なる新たな価値が，第三の機能候補になり得るのではないだろうか．より具体的に言えば，多機能化や高機能化によって効率化するだけではなく，心の安らぎや達成感など，個々の人間の自己実現をファシリテートしてくれる商品（製品やサービス）の登場が求められてくるのではないだろうか？

このような考え方は，「社会成長期に適した使用者優先の原則」と解釈できる．そこで今後は，第三の機能候補である「不便益」に着目した「次世代型VE/VM」を，真の社会成長期に相応しいデザイン理論として提案していくことにしたい[12,13]．

1.2.3 今後のモノづくりアプローチ

今後の社会では，5G環境によるAIと連動したIoTが急速に普及していくことで，想定内外の便利害が頻発することも予測されるが，一方で不便益（機能）をエンジョイする人々の台頭も期待できる（図1.5）．

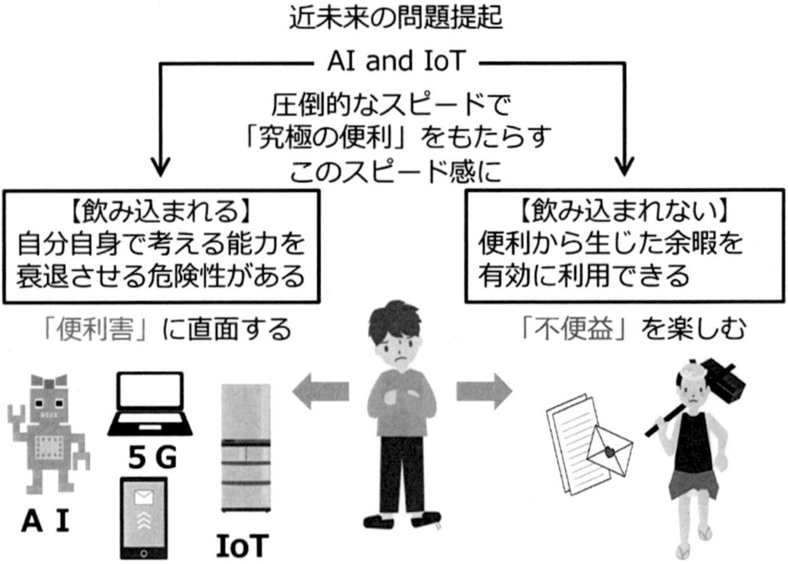

図1.5　ITやIoTの普及と不便益概念の台頭

1.1節で述べた日本のモノづくり産業の発展の歴史と，今後のモノづくりアプローチを包括して，商品の価値概念の変遷は，図1.6のように整理することができる．この図の最大の特徴は，縦軸を「個々の使用者の立場＝自己達成感」に設定している点である．図1.6からは，狩野モデルにおける一次元品質や当たり前品質の向上は，①から②に至る過程では有効だが，③以降ではそうではないことが分かる．②から③に至る過程では，狩野が提唱する5つの品質要素のうちの逆品質が類似現象を示唆している．しかし，狩野モデルでも，③から④に至るための不便益的な機能（あるいは品質）の存在には言及していない．したがって，筆者らが提案する次世代型VE/VMは，新奇性に富む非常にユニークな商品価値をカバーしたメソッドになり得ると考えるものである．

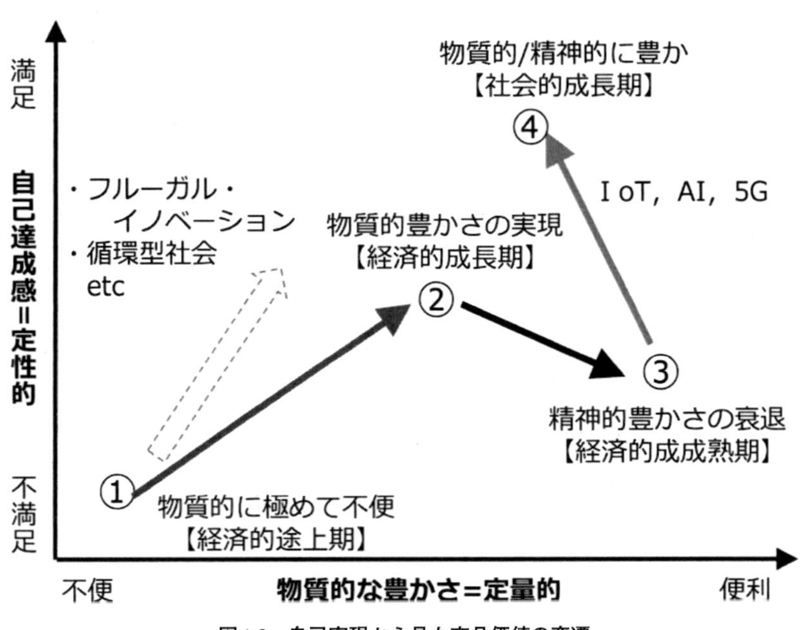

図1.6　自己実現から見た商品価値の変遷

第1章 参考文献

[1] 八巻直躬，『IEとは何か』，マネジメント社，1993.

[2] 産能大学,『産能大学のあゆみ～主観的三十年史』, 産能大学, 1980.

[3] 米山高範,『品質管理のはなし』, 日科技連, 1969.

[4] 田村照一,『新おはなし品質管理』, 日本規格協会, 1984.

[5] 澤口学, 日本式グラスルーツ・イノベーションの新興国市場での展開の可能性（その1）～機能分析アプローチの視点を通して～,『Value Engineering』, No. 288, pp. 39-45, 2015.

[6] 沢井実,『帝国日本の技術者たち』, 吉川弘文館, 2015.

[7] 澤口学,『VEによる製品開発活動20のステップ』, 同友館, 1996.

[8] 上江洲弘明, 狩野モデル(kano model)（用語解説),『知識と情報』, Vol. 7, No. 4, pp. 128, 2015.

[9] 日科技連, 狩野モデルと商品企画
https://www.juse.or.jp/departmental/point02/08.html（参照2020-06-16）

[10] 村上芽, 渡辺珠子,『SDGs入門』, 日本経済新聞社, 2019.

[11] 外務省国際協力局,『持続可能な開発のための2030アジェンダと日本の取組』, 2017.

[12] Sawaguchi, M., Kawakami, H., Matsuzawa, I., Nishiyama, K., Miyata, N., STUDY OF VE/VM METHOD SUITABLE FOR SOCIAL GROWTH PERIOD- INTRODUCTION OF THE THIRD-FUNCTION NAMED "FUBENEKI", Proc. of Value Summit in AUSTIN, TX, 2018.

[13] 川上浩司, 澤口学, 松澤郁夫, 何暁磊, 不便益という価値を導入した価値工学,『Value Engineering』, No. 294, pp. 10-15, 2016.

第2章

VEにおける第三の機能

社会成長期においては，単に性能が良いとか安価であるといったことだけでなく，その製品が生まれたストーリーをユーザと共有したり，体験したりするといった，いわゆる「コト売り」にも目が向けられるようになった．このように，価値の捉え方は多様化してきた．そこで，本章ではVE（Value Engineering：価値工学）が対象とする機能である「使用機能」と「魅力機能」に加え，新たな価値の可能性として，第三の機能として「不便益機能」を導入する．

2.1 VEにおける価値と機能

2.1.1 使用価値と魅力価値

VEの対象となる価値は使用価値と魅力価値であり[1,p.37]，表2.1に示すように特徴づけられる．使用価値はユーザにとって製品を使用する目的を果たす機能によって生じる．つまり，使用することで効用や満足が得られることを期待されるため，実用価値とも呼ばれる[2,p.8]．一方，魅力価値は，実用面以外から製品を「手に入れたい」とユーザに思わせる価値であり，入手困難などの希少性に価値を見いだす貴重価値や，装飾的な美的価値が含まれる．

表2.1　VEが対象とする価値の分類と特徴

区分	使用価値	魅力価値
別称	実用価値	貴重価値，美的価値
内容	・使用目的となる機能によって生じる価値	・手に入れたいと思わせる価値
	・効用・満足が得られる価値	・美しさなどによって欲しいと思わせる価値

2.1.2 使用機能と魅力機能

VEにおける機能とは「設計上意図された製品やサービスの働き」であり，意図するのは，ユーザが欲しいと望む働き・効用である．1.2.1項で述べたように，機能には使用機能(useful function)と魅力機能(esthetic function)があり[1,p.28]，この2分類は，2.1.1項で示した価値の2分類，すなわち使用価値と魅力価値に対応する．2種類の機能はそれぞれ，表2.2に示すように特徴づけられる．

表2.2 VEが対象とする機能の分類と特徴

分類	使用機能 (useful function) 実用的な機能（客観的）		魅力機能 (esthetic function) 感性的な機能（主観的）	
小分類	ニーズ機能 （全員必要）	ウォンツ機能 （全員ではない）	アートデザイン機能	レター機能
特徴	製品の根幹に関わる使用機能	ニーズ機能以外の使用機能	デザイン面（色，形，質感等）視覚に訴える	ネーミングやキャッチフレーズ，語感に訴える
車の例	移動する	定員 高燃費	カラーリング エンジン音	ブランドコンセプトに共感

使用機能は実用的な機能で，その中でも製品として成立するために備えるべき機能を「ニーズ機能」，それ以外を「ウォンツ機能」という．車を例に挙げると，ニーズ機能は移動することであり，人や荷物を別の場所に移動させることが根幹機能である．そして，大人数が乗れる，燃費が良いなど，移動するための効率・能力を示すものがウォンツ機能となる．これらは，定員5名，燃費15.5km/Lといったように客観的に評価することができる．

これに対し魅力機能は，人の感性に依拠する機能である．車の外観や内装のデザイン，重厚なエンジン音や，ブランドに対するコンセプトの共感などが含まれ，ユーザの主観や好みに左右されるという特徴がある．

さらに，VEで取り扱うニーズ機能・ウォンツ機能・魅力機能は，表2.3に示すような時系列に対応する．すなわち，新たな製品を開発して世に問う段階ではニーズ機能の実装が主目的であり，利便性の向上が指向される．次に，ニーズを満たすだけではユーザに訴求しない段階に入ると，全員ではないが一部の人が望む機能（ウォンツ機能）を加えることによって，製品が多機能化・高級化する．この段階では，製品機能の高性能化や高信頼性が指向され，新製品の時点と比べて構造が複雑化する傾向にある．そして製品の最終形態においては，いったん複雑化した機能や構造は洗練され，シンプルでブランド力の高いものが発生する．この段階では魅力機能が追求される．

表2.3　使用機能・魅力機能の時系列対応

機能	ニーズ機能	→	ウォンツ機能	→	魅力機能
段階	新製品開発	→	多機能化・高級化	→	ブランド化
機能	利便性向上	→	高性能化・高信頼性	→	有害作用低減
構造	単純	→	複雑化	→	洗練

2.1.3 価値と機能の関係

限定品のように希少性があるから価値が上がるとか，コスパが良いといった，製品やサービスの価値という無形で定性的なものは，どう評価するべきだろうか．そのような価値に対する評価は，個々人の感じ方に依存する．

そこでVEでは，製品やサービスの提供者側の立場になって価値を見積もるために，価値V，機能F，コストCの間に，以下の関係が与えられる[2,p.7]．

価値V = 機能F / コストC

この式を前提とする，現在のVEにおいて価値Vを向上させる方策は，すでに表1.3にまとめた．

ここで留意したいのは，「評価の対象となる機能を，ユーザが必要とするかどうか」ということである．価値向上のもう一つのパターンとして，機能を下げ，それ以上にコストを下げるというものが考えられる．しかし，必要な機能が削除される，あるいは不足すると，たとえ安くなってもユーザの満足度は向上しない．逆に，ユーザが望まない機能を積極的に削除し，操作性の向上やコスト低減につながると，価値が向上する．つまり，多機能化・複雑化することが必ずしも価値向上にはつながるわけではないのである．

2.2 第三の機能の提案

このように，VEでは実用的で客観的な使用機能と，個人の主観に大きく依存する魅力機能とが存在する．以下では，使用機能を第一の機能，魅力機能を第二の機能と呼び，これとは異なる価値を提供する第三の機能を定義するための条件を考える．

前述したように，VEでは機能を「設計者が意図した，製品やサービスの持つ働き」と考えるため，第三の機能もまた意図した働きであることが，1つ目の条件である．また，「第三」と呼ぶからには，第一の機能でも第二の機能でもないことが2つ目の必要条件となる．これらをまとめると，機能には図2.1に示す包含関係がある．

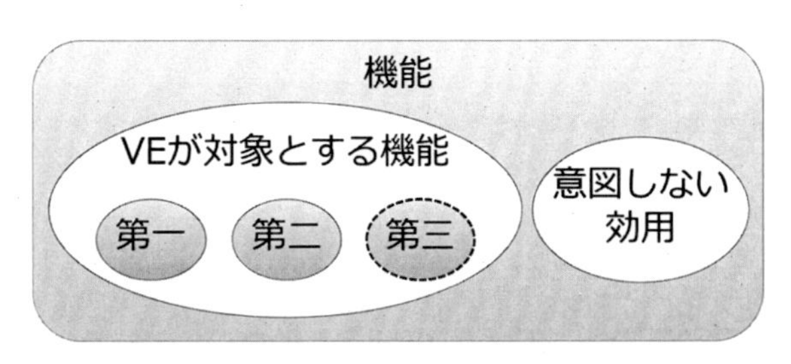

図2.1　VEが対象とする機能の包含関係

2.2.1 VEにおける機能が持つ性質

まずは，VEの扱う機能が持つ性質のうち，「意図されること」と，「製品だけでなくサービスも含まれること」について考える．

（1）意図されること

第三の機能に求められる1つ目の条件を満たさない機能，すなわち「意図しない使われ方によってもたらされる効用」として，新幹線の折り畳みテーブルの留め具の機能が知られる．設計段階ではただの留め具に過ぎなかったが，乗客がビニール袋などの荷物を引っ掛けて使ったことが発端であった．当初は荷物を掛けるという機能は想定していなかったため，留め具の破損が頻発した．そこでユーザの要求を満足するような改善がなされ，現在では積極的に荷物を掛けられる形状になっている．

この段階でやっと，1つ目の条件（意図された製品の機能である）が満たされたことになる．しかし，この事例は第一の機能（使用機能）への変更にすぎず，第三の機能に求められる2つ目の条件（第一の機能でも第二の機能でもない）は満たさない．

（2）製品だけでなくサービスも含まれること

ルール・作法・手続き・規範・サービスモデル・ビジネスモデルなど，製品（ハードウェア）ではないものが持つ「働き」もまた，VEの定める機能であるための条件を満たす．そして，そのような働きの中には，使用機能と魅力機能のいずれにも分類できないものがあり，これが第三の機能の候補になり得る．

例えば，家具の量販店において，あとは組み立てるだけの状態で販売され，ユーザが自宅などに持ち帰って自分で組み立てることができるというサービスがある．ここで意図されているのは，店舗での在庫スペースや輸送コストを抑えるということだけではない．プラモデルに見られるような「自分で工夫して組み立てることが好きで，組み立てた物に愛着を抱く」という，人の特性を活用することも意図されているのである[3]．これは，実用的な機能（第一の機能）とも視覚や語感に訴える魅力機能（第二の機能）とも異なる．

2.2.2 狩野モデルにおける品質とVEにおける機能

VEと同じモノづくりの管理手法であるQC（Quality Control：品質工学）においては，物理的充足と顧客満足の関係が狩野モデル[4]で説明されている（図2.2）．これを深堀りすることで，我々の考える第三の機能の可能性を考察したい．

まず，VEの機能と狩野モデルで説明される品質の対応を考える．実用面での便利さを追求するという点で，VEの使用機能は狩野モデルの「当たり前品質」や「一元的品質」に，また魅力機能は「魅力品質」に対応すると考えるのが自然であろう．注目すべきは，この3つの品質のいずれについても，物理的充足を向上させれば顧客が満足し，物理的に不十分であれば顧客が不満を抱くということである．すなわち，いずれも数理的には単調増加（Δ満足／Δ物理的充足＞0）が前提とされている．

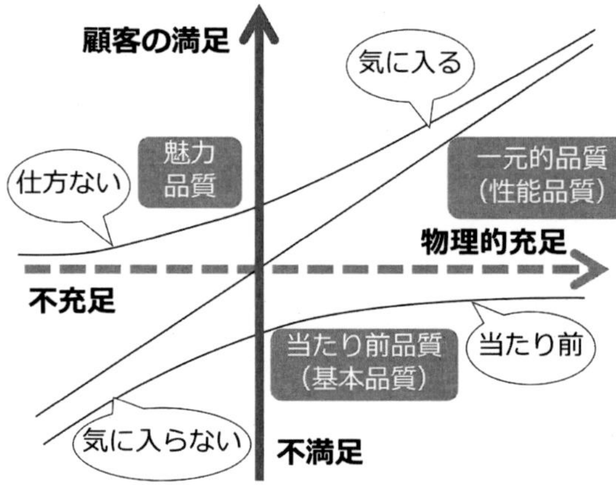

図2.2　狩野モデル（図1.3の再掲）

狩野モデルでは，先に示した3つの品質の他に，「無関心品質」と「逆品質」が示される．無関心品質は，物理的充足が上下しても顧客満足が変化しない（Δ満足／Δ物理的充足＝0）品質である．これは，図2.2に示す曲線群から解釈すると，当たり前品質が右側に振り切れた（過度に充足された）とき，あるいは魅力品質が左側に振り切れた（過度に不充足な）ときなどに観察される．VEにおいて，高機能化されても，それがユーザにとって関心がないものであれば「機能が向上した」と見なされないのと同じことである．

一方で逆品質は，物理的充足の度合いが高いほど顧客満足が低下する品質である．これは，「顧客の好みに左右されてどれが良いかが分からない品質」であり，さらに顧客によっては低品質なほど満足度が高くなる（Δ満足／Δ物理的充足＜0）場合があるということを意味する．

「高機能であること」と「品質が物理的に充足していること」とが全く同じではないのは承知の上で，ある程度の相関はあるものと仮定すると，単調増加（Δ満足／Δ物理的充足＞0）な3つの品質は第一と第二の機能（使用機能と魅力機能）と相関する．したがって，これらの機能も単調増加が前提とされ，物理的に充足させれば顧客満足度が向上することを疑ってはならない．一方，狩野モデルが存在を示唆した逆品質に対応する機能は，VEでは取り扱うことができなかった．

2.2.3 不便益

従来，高機能と高付加価値は同一視されてきた．しかし現在では，狩野モデルにおける逆品質のように，高機能化が必ずしも顧客の満足につながっていないことが分かっている．そしてこれを説明するために，図2.2における横軸を物質的豊かさ（=物理的充足：客観的），縦軸を精神的豊かさ（=顧客の満足：主観的）と読み替え，客観的な物質的豊かさと主観的な精神的豊かさの対比を強調する（図2.3）．そして，この精神的豊かさに新たな価値を提供する視座として不便益[5-7]に注目し，VEにおける第三の機能の候補と考えることにする．

不便益とは「手間をかけ，頭を使うことによって得られる効用」であり，ユーザにあえてリソースを割かせ，積極的に不便にすることによって，価値を創造するという考え方である[8,9]．狩野モデルを用いて不便益を説明する．始めは不便でそれ自体が生活に支障をきたすようなものが，①物質的豊かさと精神的豊かさが単調増加関係（Δ精神的豊かさ／Δ物質的豊かさ＞0）にあり，より便利で効率的なものになった結果，ユーザは便利さを享受する．しかし，②その関係が崩れる場合，言い換えれば，便利が行き過ぎ，物理的な充足にも関わらずユーザの満足が得られなくなった場合，③過去に遡ることも精神的豊かさを取り戻す一つの方策であろう．一方で，④より積極的に物理的豊かさを減少させて不便を導入する（左側に進む）ことによって，精神的豊かさを得る（上側に移る：不便益）ことを志向することもできる．

このように，不便益を求めることは，ユーザに労力をかけさせて，効率よりも豊かさを求めるということである．そしてこれを志向する過程を「不便益デザインと呼び」，詳細を第4章で述べる．

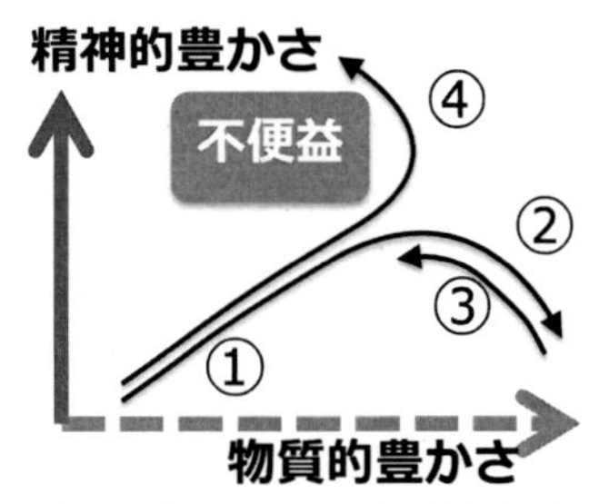

図2.3　狩野モデルと不便益の関係

上述のように，第三の機能の候補として不便益を挙げた．これをVEの観点から考察する．従来のVEにおける第一の機能は使用機能であり，その名の通り便利に使えることを指向するものである．したがって，第二の機能は第一の機能を阻害してはならなかった（ただし，実際には阻害することを消極的に受け入れざるを得ない場合もある）．

これに対して不便益は，ユーザに労力をかけさせ，積極的に第一の機能を阻害するので，一見，価値を低下させ，VEの価値向上の原則を無視しているかのように見える．しかしながら，価値向上は機能の達成ではなくユーザの満足によることを前提とするならば，第一・第二・第三の機能全てに要求されるのは，ユーザの満足を追求することによる新たな価値提供である．

このことを示すために，図2.4を用いて不便益を説明する．この図では，第一の機能（使用機能）がユーザにもたらす価値を「便利」，それを阻害する要因を「不便」と読み替えて横軸とし，ユーザにもたらす効用の質を「益」と「害」として縦軸としている．このことは，従来のVEの機能が便利で有益なものを目指していることを意味する．

これに対し不便益は，横軸では左側に向かう，つまり，第一の機能とは逆の方向を目指すことによって益を得るものである．

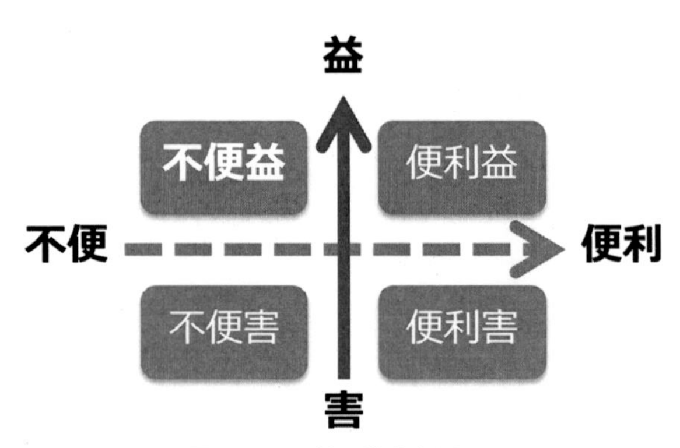

図2.4　不便益の模式的な説明

図2.4には，4つの象限が示されている．これらと製品・サービスが生む状況とは，以下のように対応する．

- 左下：不便で害がある（不便害）Harm of Inconvenience (HI)
- 右上：便利で益がある（便利益）Benefit of Convenience (BC)
- 右下：便利だが害がある（便利害）Harm of Convenience (HC)
- 左上：不便で益がある（不便益）Benefit of Inconvenience (BI)

これらを，図2.3の狩野モデルにおける不便益の位置づけと合わせて再考すると，不便で何ら有益なことを見いだせないもの・事柄（不便害）の不満に対し，積極的に①物質的豊かさが改善され，精神的豊かさも同調する．そして，ユーザはより便利なものを利用できるようになる（便利益）．しかし，②便利が行き過ぎて，物理的にいくら充足してもユーザは満足しないだけでなく，逆に何らかの悪影響を感じるようになる（便利害）．これを打破するため，④より積極的に物理的豊かさを減少させて不便を導入することによって，精神的豊かさ，すなわち有益な効果を狙う（不便益），と捉えることができる．

2.2.4 不便益機能

不便益（不便から得られる効用）を，製品やサービスが持つ価値の一つと捉えると，それをユーザに提供する「機能」は，「設計上意図された製品やサービスの不便な状態がもたらす働き」と定めることができる．これを「不便益機能」と呼び，第三の機能とする．

不便益機能は，便利な状態がもたらす弊害である便利害を解消する場合がある．便利／不便は，せいぜい（半）順序尺度しか導入できないと考えるのが一般的であるが，説明を簡単にするために，仮に程度問題で捉えることができる（間隔尺度が導入できて「度合い」が定められる）とすると，便利害は「便利すぎる」と感じられるときに顕在化することが多い．

余談だが，尺度には4つの種類がある．加減乗除ができる比例尺度，加減だけに意味のある間隔尺度，加減乗除のいずれも意味がない順序尺度，そして名義尺度である．半順序は順序の中でも「並行，同時」が部分的に入るもので，例えばあるクラスの背丈の順は，全く身長が同じ者がいる場合，半順序である．

閑話休題，便利害の話に戻す．例えば，便利追求の方策として多用される「自動化」に対しては，「ブラックボックス化の弊害」が指摘されて久しく，これも便利害の一つである．さらには，人のタスクの変容も便利害の一つとして知られる．例えば，自動運転が人を「車を駆る者」から単なる「警告ランプの監視者」に変容させる．場合によっては，何か事故が起きたときの責任を取るためだけに座席に座っている仕事が，運転員に課される日が来るかもしれない．

不便益を考えるときは，便利／不便をメインタスク達成のためにかかる労力（手間がかかるか認知リソースを消費する）の多寡と捉え，それらは「得られる効用（益）」と同一視するのではなく，独立であることを前提とする．このことはすでに，「便利／不便」軸と「益／害」軸を直交させた図式（図2.4）によって示されている．これらを含め，不便益と従前のVEにおける第一の機能との関係は，表2.4に示すようにまとめられる．

一方で第二の機能（魅力機能）は，図2.2に示した狩野モデルにおける横軸で考えると，右側に向かうことを志向しないという点では不便益と同じである．しかし，その横軸が図2.4に示す横軸（便利／不便）ではないという点で，第二の機能は第三の機能（不便益機能）と異なる．

表2.4　不便益と従前のVEとの関係

		タスク達成にかかる労力の度合い	
		不便（inconvenience）	便利（convenience）
効用の質	益（benefit）	ユーザの労力との協働を前提とした機能（不便益機能）	一般にVEが追求する第一の機能（使用機能）
	害（harm）	一般にVEが忌避する状況	省労力追求による弊害

2.3 不便益の事例

2.3.1 不便益の特徴

不便益という概念は，単に図2.4に示す4つの象限だけで説明できるものではなく，以下のような特徴を持つ．

- 不便益は，「使用によって得られる結果」ではなく「プロセス・経験」に観察される．
- 不便益は，昔を懐かしむものではない．
- 不便益は，人に不便を押し付けて喜ぶものではない．
- 不便益は，妥協ではない．

しかしこれらはいずれも特徴を述べているだけであって，不便益の全容を網羅的に説明するものではない．一方で，辞書による説明のように内包的に不便益を定めることも困難である．そこで本節は，ユーザに不便益を与える事例をいくつか挙げることによって，外延的に不便益を説明する．

2.3.2 事例① 消えてゆく絵本

数年が経過すると絵や文字が消えて読めなくなる絵本．日焼けした紙と同色のインクが使用されている．

不便：情報が消滅するので，記録にならない．

益：読むことをモチベートする.

本は読まれなければ意味がない．しかし購入（あるいは契約）した後は，いつでも読めるという便利がすぐに読むモチベーションを奪い，いわゆる積読（つんどく）状態になることもある．また，特にデジタル情報において言えることだが，情報が劣化しないという便利は，カーナビに頼ると自分で街を記憶しなくなる，電子辞書に頼ると自分で単語を記憶しなくなる，デジカメで大量に撮った写真を後から見ても何を撮ったか思い出せない，などの現象を引き起こすことが知られる．

これに対して，日焼けした紙と同色のインクで印刷し，本が経年劣化すると読めなくなる絵本が発案された．このように情報が劣化することは，「読む」という行為をモチベートする．

2.3.3 事例② バリアアリー

デイケアセンター内に，あえて小さなバリアを設置する．

不便：移動に手間がかかる．

益：能力低下の緩和．能動的態度の維持．

バリアフリーという言葉については，改めて説明の必要はないと思われるが，室内の段差など日常生活のバリアになるものが排除されている状態であり，身体能力が衰えた人でも支障少なく生活できるだけでなく，標準

的な身体能力の人も楽に生活することができる．

これに対して「バリアアリー」[10]という考え方がある．山口県のデイケアセンターから始まったものであり，施設の中にあえて小さなバリアを設置する．これによって，入居者が日々の生活の中で自然にこのバリアを越えることを促し，結果として身体能力の低下を緩和している．なお，バリアには色を付けて認知しやすくするなど，危険事態回避の工夫がなされている．

せっかくバリアアリーにしているのだから，スタッフが常に入居者をサポートしていては台無しである．したがって，スタッフには「これ以上は手を貸さねば危ない」というギリギリの状態を見極めるという高度なスキルが要求される．過看護は入居者の主体性を奪うと言われるが，バリアアリーの考え方は，入居者の生活に対する能動的コミットを維持するのである．

2.3.4 事例③ 足こぎ車椅子

手動でも電動でもなく，足でこいで進む車椅子．

不便：足の不自由なユーザが「足でこぐ」のは負荷がかかる．

益：自分の足で移動するという喜び，リハビリ効果．

車椅子には手こぎ，あるいは電動のものが多い．車椅子の利用者は足の不自由な人であることを想定すれば，自然なことである．これに対して，足の不自由な人が足を使ってこぐ足こぎ車椅子は，不便に違いない．しか

し，片足しか動かない人，力が弱まってバランスが取れなくなっているだけの人なども車椅子のユーザであり，その人たちは，足でこぐことができる．電動などの外部動力を利用する場合よりも負荷がかかり，表面的には不便であるが，自分の足で移動できるという事実は，QOL(Quality of Life) を向上させる．

また，オプションでペダルに足を固定するソケットを装着すると，動く方の足でこぐと動かない方の足もつられて動き，動かない方の足を司る脳の部位が反応したという報告もある．このようなことから，リハビリへの利用も期待されている．

2.3.5 事例④ デコボコ園庭

デコボコしている幼稚園の庭．

不便：平らな園庭と比べ，転んで怪我をする可能性が高い．移動に手間がかかり，注意も必要．

益：子どもたちが活き活きする．転びにくい力が養われる．

園庭があえてデコボコに作られている幼稚園がある．平らな場合よりも園児たちの移動に時間がかかり，転ばないように注意を払う必要があるという意味では，不便である．しかし，平らなところを平易に移動するよりも体幹が鍛えられるであろうことは，容易に想像できる．

さらには，子どもたちのメンタルにも影響が見られる．デコボコの方が，移動方法や経路に頭を悩ませたり，新たな遊びを編み出したりといった積極的態度が引き出され，結果として園児が活き活きとしたという報告がある．この「平らな園庭とデコボコの園庭」を「平らな室内設備と野原」と対応させてみると，デコボコの効果が説明できるのではないだろうか．

2.3.6 事例⑤ 無刻印キーボード

キートップに文字が印刷されていない，のっぺらぼうなキーボード．
不便：どのキーがどの文字に対応するかを，頭で暗記するか，体に教え込まねばならない．
益：ブラインドタッチ力が維持される．いっそ不要なものは捨て去る潔さがカッコ良い．

キートップに文字が刻印されていないキーボードがある．これを使うためには，どのキーがどの文字に対応するかを記憶する必要があり，不便である．しかし，キーを見れば対応する文字が分かるという便利は，ブラインドタッチができる者にとっては無用の長物であるどころか，つい「見てしまう」ため，能力を発揮する機会を減少させる．

また，この無刻印というアイデアからは，使ってゆくうちに刻印がかすれてゆくキーボードなど新たな製品のアイデアも派生する．そしてこの場合，刻印のかすれ方は「パーソナライゼーション」へとつながってゆく．

パーソナライゼーションとは，認知心理学者であるD. A. ノーマンが，「エモーショナル・デザイン」[11]を説明するキーワードの一つとしたものである．ノーマンは，著書『誰のためのデザイン？』[12]の中でユーザ中心設計を提唱し，1990年代に人間中心設計のエポックを作った．そしてその後，2000年代に，ユーザ中心設計で見逃していたこととして『エモーショナル・デザイン』を著した．その中で，デザイナの用意した選択肢を組み合わせるだけのカスタマイゼーションに対して，ユーザと人工物の長いインタラクションの痕跡として変化することを「パーソナライゼーション」と呼び，デザインをエモーショナルにする方策の一つに数えている．

これは，近年のデザイン分野における「モノではなくコト」，「ユーザエクスペリエンス」というキーワードと，日本の若者言葉である「エモい」デザインとをつなぐ考えではないだろうか．新品が一番キレイで次第に汚くなっていく工業製品に対して，使い込んだというユーザ経験の痕跡がポジティブに捉えられているのである．

2.3.7 事例⑥ レンズ付きフィルム

撮影できる枚数が限られている上に，現像に出して数日後まで写真の出来栄えが確認できない方式のカメラ．
不便：枚数が限られているので好きなだけ撮影できない．出来栄えがすぐには分からないので，不安である．
益：一写入魂になる．

富士フイルムが30周年復刻版として数量限的で発売したレンズ付きフィルムが，すぐに完売した．30年前に使っていた世代がノスタルジーにかられて購入したのではなく，デジタルネイティブ世代が購入したという．

現在は，スマホでほぼ枚数制限なく，すぐに出来栄えが確認できる手軽な写真撮影が可能である．それにもかかわらず，不便なレンズ付きフィルムが購入された理由の一つは，インスタ映えする風合いが得られることである．それに加えて，不便益もまた，理由として挙げられる．

撮影時には，限られたフィルム枚数のうちの1枚を使ってでも撮るべき対象であるかどうかや，また，現場では出来栄えが分からないので，光の具合（量や方向）などを考える必要がある．このような不便が，写真撮影時の記憶を定着させるのである．つまり，写真が「記憶を呼び戻すキュー」という役割を取り戻すことになったのだ．デジカメやスマホなどで撮影する写真は，失敗してもその場でリカバリが効く（いくらでも撮り直せばよい）．それゆえに，能動的に頭を働かせる必要が少なく，記憶にも残らない．

これは，不便であった昔の方策に戻すことにより結果的に益が見られた例の一つであり，本節で示す別の事例のように積極的に不便益を狙ったものではない．一方，1日に撮影できる写真の枚数を制限するスマホアプリが開発された．親が子どものスマホ利用を制限するためのものではなく，自分のスマホにインストールして使うアプリである．酔狂なアプリのように聞こえるが，裏にはフィルム式のときにあった不便益を取り戻すという意味がありそうである．

2.3.8 事例⑦ 弱いロボットシリーズのゴミ箱ロボット

ゴミを見つけても，周りをウロウロするだけで自分では拾わないゴミ箱型のロボット．

不便：人がゴミを拾ってロボットに入れてやらねばならない．

益：人とロボットとの間にインタラクションが生じる．

「弱いロボットシリーズ」というロボットがある[13]．それらは，不便であることの効用を持つものが多い．例えば車輪の付いたゴミ箱の形状のロボットは，ゴミを見つけて近づく能力を持っている．しかし，マニピュレータで自らゴミを拾うという能力はあえて持たされず，ただゴミの周りをウロウロし，近づく人に向かってペコリとお辞儀のような動きをするだけである．これは，人がゴミを拾ってゴミ箱に入れることをモチベートする．ゴミや人を認識するという高度な能力を持っているにも関わらず，人の手間を省くという便利は指向されず，人とロボットとのインタラクションの方が重視されているのである．

弱いロボットシリーズは，もともとは人とロボットとの関係を再考するために開発された．この考え方は，人と人工物一般との関係にまで広げることができる．従来，道具に代表される人工物は，人の能力を「拡張」するものであった．それが近年では，人工物は人を「代替」するものになりつつある．生産工場の中にあるロボットが代表例である．一方で，あらゆる場面で代替を指向すると，人間不在が問題を起こすことが指摘されるようになった．そこで，代替に替わる新たな人と人工物の関係が模索されている．

実際，ゴミ箱ロボットと人との関係は，拡張でも代替でもない．人が手間をかけ頭を使うことを「不便」とすると，弱いロボットは，その不便によって人と人工物の新たな関係を築くという益を発生させるものと見なすことができる．

弱いロボットには，他にiBonesと名付けられたものもあり，駅でティッシュ配りをさせると，そのオドオドとした動きにつられ，人の方からティッシュをもらいに行くそうである．

2.3.9 事例⑧ セル生産方式

組立工場で，ラインによる流れ作業方式ではなく，セルと呼ばれる場所で数人の作業者が複雑な製品を組み立てる方式．

不便：作業者にとって，作業が難しくなる．高度な技能が要求され，覚えなければならないことも多くなる．

益：作業者のスキルとモチベーションが相互に向上し合う．多能工に育つ．

不便益は，モノだけでなくコト（方式）にも観察される．例えば，大量生産に便利なライン生産方式による分業に対して，1人あるいは数人で，セルと呼ばれる場所で複雑な製品を組み上げる「セル生産方式」が知られる．セル生産方式では，ライン生産方式よりも高度な技能が作業者に要求され，覚えなければならないことも多くなる．また，そのために作業効率が下がれば，メーカーにとっても不便な方式であると言える．

しかし，この方式を導入するメーカーが相次いだ時期があった．多品種少量生産へ柔軟に対応するためであったが，それ以外にも，作業者のモチベーションとスキルの相互向上が観察された．これは不便益と見なすことができる．

例えばコピー・ファックス・プリンタが複合した複雑な機械や，軽自動車などを自分一人で組み立てられると，作業者のプライドが高まり，仕事に対するモチベーションが上がる．モチベーションが上がれば技術が向上し，さらに良い結果を生み，それがさらにプライドを高める．これによって多能工が生まれれば，メーカーとしても有形無形の益が生じる．

セル生産方式に対応できる技術を持つ作業者に「マイスター」などの称号を与える制度もあり，これは明らかに「多品種少量生産への柔軟な対応」という表層的な益ではなく，作業者のモチベーションとスキルが相互に向上するという益を狙ったものと考えることができる．

2.4 不便益の整理

前節では，いくつかの事例を，後付け的に不便益と見なして紹介した．しかし，少数の事例のみで不便益とは何かということを外延的に理解することは無理がある．とはいえ，筆者が今までに収集した数百の不便益事例をここで列挙するのも難しい．そこで，事例から不便益を抽象する過程における共通認識を得るために，本節では以下の通り不便益をカテゴライズする．

主体性が持てる

バリアアリーという不便がもたらす益の一つは，主体性を奪う過看護からの解放である．足こぎ車椅子は，電動とは異なり「自分の足で」主体的に移動することを可能にした．デコボコ園庭は園児の積極的態度を引き出して活き活きとさせ，消えてゆく絵本は，消える前に読もうという読者の主体的行動を喚起する．また，弱いロボットシリーズのゴミ箱ロボットは，自動的にゴミを収集して回るのではなく，人にゴミを投げ入れるという行動を起こさせる．

極論すれば，便利な自動化は人が主体的である必要をなくし，不便だからこそ人は主体的になり得ると言える．

工夫できる

デコボコ園庭は，平らな園庭より園児に工夫する余地を多く与える．レンズ付きフィルムの枚数制限や出来栄えが分からないという不便は，よく考えて一枚一枚を大切に撮影するように導く．セル生産方式は，同じ作業の繰り返しであるライン生産方式より，工夫する余地を多くもたらす．

これも極論すれば，便利な自動化は人が工夫する必要をなくし，不便だからこそ工夫の余地が生まれると言える．

発見できる

デコボコ園庭は，平らな園庭よりも，園児に新たな遊びを見つけ出す機会を潤沢に与える．セル生産方式は，組立作業中に「もしや，この方がうまくいくのでは」と発見する機会を多く与えてくれる．

また，移動の途中に新しいモノゴトを発見することも多い．もし「どこでもドア」があれば，道中での発見などは存在しなくなってしまう．究極の便利社会ではそもそも発見の必要はないのかもしれないが，その代わりに発見の喜びを知ることもない．不便でなければ，発見のチャンスはないのである．

対象系が理解できる

セル生産方式は，作業者にとって担当場面も組立対象とのインタラクションも多いので，対象系をより深く理解することができる．

一般に，便利なものはブラックボックス化しているため，何か不具合が起きたときに自分で解消する術はない．車のガラス窓の開閉スイッチは便利ではあるが，壊れたときに自分で修理できる人が何人いるだろうか．一方で不便なもの，すなわち人の手間がかかることが前提になっているものは，そもそもどのような手間をかけ得て，それがどのような結果をもたらすかがイメージできるため，対象系全体を理解することができる．

安心・信頼できる

上記の対象系理解のための背景原理には，人工的な約束事ではなく，絶対に信頼できる物理法則や物理現象が採用される．すなわち，不便なものは，裏切られることのない絶対法則を原理としてユーザに理解を促すため，結果的に安心や信頼をもたらす．

上達できる

無刻印キーボードは，ブラインドタッチの上達を後押しし，その能力維持をサポートしてくれる．一般に，不便なものは人の手間を要求するが，同じ手間をただ繰り返すだけではなく，発見や工夫の余地を与え，上達を促すものが多い．

私だけ感が持てる

無刻印キーボードは誰でも使えるわけではない．このことがユーザへ与える感覚も「不便だからそこの益」であろう．ノーマンが言うパーソナライゼーションにも，モノとのインタラクション（すなわち手間）は不可欠であり，益の一つに数えることができる．

一般に不便なものはユーザとのインタラクションを求め，その結果として使用した痕跡が残る．それがモノ側に残ればノーマンの言うパーソナライゼーション，ユーザ側に残れば習熟や能力向上となる．いずれにせよ「私だけ感」を感じさせるものである．

能力低下を防ぐ

バリアアリーがデザインされた目的の一つは，身体能力の低下速度を緩めることであった．一般に，不便なモノゴトは人の能力を発揮する機会を与え，それが能力訓練にもなる．

2.5 不便益の認定条件

2.3節で列挙した不便益（不便の効用）を持つ事例は，いずれも2.3節の冒頭で述べた不便益の特徴を備えている．これらの事例の共通点に鑑みると，不便益事例（不便益を持つ事例）であることを認定するためには，少なくとも以下の3つの条件を備える必要がある．

・益は，不便だからこそ得られるということ
・益も不便も，本人のものであること
・益は，「そのまま」ではないということ

1つ目の条件は，人が「手間をかけ，頭を使う」からこそ得られる益であることを要請する．つまり，不便と益には因果関係が必要だということである．不便なことをしたらたまたま何か良いことがあった，という事例

では，新たに不便益のあるモノゴトを設計するための手本にならない．

2つ目の条件は，「貴方の不便が私の益」，つまり，私が貴方に迷惑をかけているだけという最悪の事態を回避するためのものである．また，不便益は喜んで他人の犠牲になりなさいという考え方ではないので，「私の不便が貴方の益」という事態も回避しなければならない．ただし，自分の手間が公共の益になり，巡り巡って自分にも益する場合は，不便益事例と見なす．

3つ目の条件は，「腹筋運動はしんどくて不便だが，腹筋が鍛えられるという益がある」という自明の事柄を排除するためのものである．このような事例も，新たなモノゴトを設計する手本にはならないからである．

2.6 不便益のまとめに代えて

本章のまとめに代えて，著者の一人，不便益の提唱者の一番弟子として，本書が生まれた背景を記録させていただく．1980年代の第2次人工知能(Artificial Intelligence, AI)ブームの最中，工学部の学生であった私は，価値工学(Value Engineering, VE)と出会った．人工知能を実現しようと目論み，「何ができれば知的なのか」を考えた結果が“設計”であった．すでに世の中に存在するものを認識したり解析(analysis)したりするよりも，まだ世の中にないものを新たに創り出すこと(synthesis)の方が，究極的に知的な活動だと考えたのである．

そこで，人の創造的活動に関わる研究分野として，VEやTRIZ（発明的問題解決理論）などにも首を突っ込んだ．VEが「構造レベルではなく機能レベルで考える」ということは，現在では当然だと思われるが，当時は，それを考えるメソッドがいくつもあることに興味津津であった．このときには，後に日本VE協会の中心人物の一人となる澤口学先生たちと出会っている．しかし，AIの冬の時代の再来とともに，AIに「最も知的な活動である設計」をさせようという熱も冷め，VEやTRIZからも遠ざかった．

20世紀もあと数年で終わろうというちょうどその頃，学部と修士課程で私にAIを教授してくれた師匠である片井修教授（現京都大学名誉教授）が情報学研究科に新しい研究室を立ち上げ，私はそのスタッフとなった．そして，新しく研究室に配属されたばかりの（しかも工学部機械系の）4回生に向けて，4月最初のミーティングで師匠が放った言葉が，「不便益」であった．

工学研究科に研究室を持っていたにもかかわらず，あえて情報学研究科に移って新しい研究室を立ち上げた教授は，旧態たる工学の研究から飛び出したかったのであろう．確かに，不便の益を研究するなど工学の範疇に収まるはずはない．この時点で，効率化や最適化などとても工学的な匂いの強い，一言で言えば「便利追求型」のVE（価値工学）とは，さらに疎遠になっていった．唯一，学部生向けの演習でTRIZを用いた創造的問題解決支援を実施していたぐらいである．

しかし，いつの時代にも柔らかい頭の学生はいるものだ．正直に言えば，私が研究室で大学院生と議論している不便益と，工学部で学部生に教えているTRIZとは，相容れないと思っていた．ところが，学部でTRIZの演習に参加し，研究室に入って不便益を学んだ学生が，これらを結びつける研究をしてくれた．

こうして，TRIZの矛盾マトリクスに倣って，便利追求で得られた益と便利追求によって失われたために取り戻したい益を入力すると，取り戻すための方策（不便益原理）が推薦されるメソッドである「不便益マトリクス」が完成した．これをTRIZの国際会議で発表したときに，その後日本VE協会にて「不便益＆VE研究会」の主査となる澤口学先生との再会があった．

VEでは，V=F/Cで表現されるように，機能(F)を高め，コスト(C)を削減することによってのみ表現される価値(V)だけを求めていると思っていた．ところが，しばらく疎遠になっている間に，VEは使用価値だけでなく魅力価値にも視野を広げ，製品だけでなくサービスにまで対象も広げていたのだ．つまり，従前の枠組みにとどまることなく，顧客にとっての価値とは何かを真摯に求め続けていのるである．

かくして，不便益＆VE研究会が日本VE協会の中に誕生し，そこで数年にわたり議論し実施されたことが，本書にまとめられている．

第2章 参考文献

[1] 澤口学, 『VEによる製品開発活動20のステップ』, 同友館, 1996.

[2] 田中雅康, 『VE（価値分析）』, マネジメント伸社, 1985.

[3] ウィリアム・リドウェル他, 『Design Rule Index 要点で学ぶ, デザインの法則150』, No.073, IKEA効果, ビー・エヌ・エヌ新社, 2015.

[4] 日科技連, 狩野モデルと商品企画
https://www.juse.or.jp/departmental/point02/08.html（参照2020-06-16）.

[5] 川上浩司, 『不便から生まれるデザイン』, 化学同人, 2011.

[6] 川上浩司, 『ごめんなさい, もしあなたがちょっとでも行き詰まりを感じているなら, 不便をとり入れてみてはどうですか？　～不便益という発想』, インプレス, 2017.

[7] 川上浩司, 『不便益　手間をかけるシステムのデザイン』, 近代科学社, 2017.

[8] Hasebe, Y., Kawakami, H., et.al, Card-type tool to support divergent thinking for embodying benefits of inconvenience, Web Intelligence, vol.13, no.2, pp.93-102, 2015.

[9] Naito, K., Kawakami, H., et.al, Deign Support Method for Implementing Benefits of Inconvenience inspired by TRIZ, Procedia Engineering, 131, pp.327-332, Elsevier, 2015.

[10] 藤原茂, 『強くなくていい「弱くない生き方」をすればいい』, 東洋経済新報社, 2010.

[11] Norman, D.A.（ドナルド・A. ノーマン）, 『エモーショナル・デザイン』, 岡本明ほか（訳）, 新曜社, 2004.

[12] Norman, D.A.（D.A. ノーマン）, 『誰のためのデザイン？』, 野島久雄（訳）, 新曜社, 1990.

[13] 岡田美智男, 『弱いロボット』, 医学書院, 2012.

第3章

世界のモノづくりアプローチと不便益

本章では，3つのモノづくりアプローチに言及する．1つ目は，調増加型の価値向上のモノづくりを目指した従来の「先進国型アプローチ」である．2つ目は「新興国型アプローチ」であり，現地目線のモノづくり思考と不便益との接点に着目している．最後は，「防災・減災へのアプローチ」である．ここでは，災害へのリスク感受性の低下を回避する手段として，不便益の考え方を応用できないかという提案を試みている．

3.1 先進国型モノづくりアプローチ

3.1.1 従来の先進国型のモノづくりアプローチ

世界におけるモノづくりアプローチは，主に日米欧の先進国が担い，常に先進国市場のハイエンドの需要に応える製品開発が中心であった．したがって「新技術の開発・応用力」がモノづくりの牽引力であり，特に日本の場合は，これに製造部門等の現場力も加わり，特に電化製品，精密機械，自動車などの高品質な商品を欧米諸国よりもリーズナブルな価格で提供することで，1990年代初頭まで，先進国中心の世界市場で大きなシェアを獲得することに成功してきた．

第1章で述べた通り，この背景にあるのはあくまでも一元的品質や魅力品質の向上であり，まさに便利益の追求だったと言えよう．ゆえに，新興国等の市場では主に富裕層がターゲットになり，それに次ぐ階層には一般的にはマイナーチェンジ型のローエンド型商品で対応してきた．しかしこの方法は，1990年代以降に急速に経済発展した新興国における新中間層の市場（マスマーケット）にマッチしたとは言えず，現地の的確な需要を獲得することはできなかった．

これを省みて，欧米企業を中心に，新興国市場独自のマーケットを現地目線で把握し，現地ローカル人材によって最初から新興国の新中間層向けの製品開発を行う動きが主流になり，現在に至っている．しかも最近では，新興国で開発されたいくつかの製品が先進国側の“別次元の需要”にマッチして逆輸出される，「リバース・イノベーション」[1]も注目されている．

3.1.2 日本の代表的なモノづくりアプローチ

前項で触れたモノづくりアプローチとともに，日本の場合，特に生産現場で大きな役割を果たしてきたのが「トヨタ生産方式」である．「リーン生産方式」，「JIT（ジャスト・イン・タイム）方式」ともいわれ，世界レベルで知られた「Kaizen Activities（カイゼン）」の総本山とも言える存在である．使用者が望む品質の自動車を最も短い時間で効率的に造ることを目的とし，長い年月の改善を積み重ねて確立された生産管理システムで，異常が発生すると機械がただちに停止して不良品を造らないという「自働化」と，各工程が必要なものだけを流れるように停滞なく生産する「ジャスト・イン・タイム」の2つの考え方を柱としている．ある意味「IEの究極の姿」ということもできよう．この生産方式の大前提は，自動車から得られる便利益を世界中の多くの人々に提供するための効率的な管理技術である．

トヨタ生産方式は，カイゼンマインドの強烈なインパクトを世界のモノづくり産業に与えたという点で，企業による組織的な草の根イノベーション（グラスルーツ・イノベーション）の代表例とも言えるだろう．カイゼンマインドは，もともとは日本のからくり技術が起源とも言われ，その特徴は，「シンプル」，「手づくり」，「ローコスト」である[2]．この3つの特徴は，環境に大きな負荷をかけないという面も持つので，現代社会における「環境に配慮した設計」という考え方にも相通じるものであり，後述するフルーガル・イノベーション(frugal innovation)[3]とも極めて親和性が高い[4]．

草の根イノベーションとは，もともとはローカルコミュニティに住む人(市井の人）によって創造されたイノベーション（解決案）という意味なので，後述するインド等の新興国におけるイメージが強いが，筆者らはローカルコミュニティをモノづくりの現場（製造部門）に置き換え，日本発の「カイゼン」は組織的草の根イノベーションであると解釈するものである．

このカイゼンに象徴される日本のモノづくりアプローチは，今でも先進国・新興国問わず有効と思われる．なお，トヨタ生産方式を完全に修得し展開するのは，トヨタグループ以外ではなかなか難しいが，前述したカイゼンマインドを組織的に展開すること自体は，日本のモノづくり産業では規模の大小に関わらずかなり浸透していると思われる．具体的には，5S活動や小集団活動（現場の小グループでの改善活動）などである．

5Sとは「整理(Seiri)」，「整頓(Seiton)」，「清掃(Seisou)」，「清潔(Seiketsu)」，「しつけ(Shitsuke)」の頭文字のSを取ったものである．5S活動は組織的に展開するのが大前提であり，改善活動の基本に位置づけられている．表3.1に各Sの意味を記す．また，日本企業で広く浸透している「カイゼンマインドを具体的に展開するための改善活動」として一般化した特徴[5]を図3.1に示す．

表3.1　5Sの概要

整理	必要なものと不必要なものを分けて，不必要なものを捨てる．
整頓	必要なものがすぐに取り出せるように，置き場所や置き方を決めて，表示を確実に行う．
清掃	掃除をして，ゴミや汚れのないきれいな状態にすると同時に，細部まで点検する．
清潔	整理・整頓・清掃（3S）を徹底して実行し，汚れのないきれいな状態を維持する．
しつけ	決められたことを決められたとおりに実行できるように，各人が習慣づける．

「カイゼン」とは、
●他の手段・方法へ変更して仕事のやり方を変える
やり方を変えて不要なところは省略し、必要なことを十分に
⇒「手段選択・方法変更」

●大変ではなく小変によって仕事のやり方を小さく、少しずつ変える
小変だからこそ、手っ取り早さと継続が大事
⇒「小さな変化の積み重ね」

●制約対応・現実対応で無理せずできる範囲で、できる分だけ変える
手間をかけず、カネをかけず、知恵を出す
⇒「現実的制約との対応」

図3.1　改善活動の特徴

3.2 新興国型モノづくりアプローチ

3.2.1 フルーガル・イノベーション思考

近年,「新技術の開発・応用力」とは異なった視点から，新興国におけるモノづくりアプローチに注目が集まっている．製品の使用面に関する基本機能・性能に関しては，上述の通り先進国の需要がけん引してきたと言える．これに対し，新興国におけるモノづくりアプローチは，必ずしも多額の投資を行い大量生産によって価値を創出するのではなく，さまざまな需要に対して，比較的安価もしくは容易に手に入るものを巧みに活用して，柔軟に生活改善等に応用するとものである．

ここでは,「フルーガル・イノベーション」という概念について，インドの「ジュガード・イノベーション」，ケニアの「ジュアカリ」等を具体例として挙げて紹介する．

フルーガル(frugal)とは「簡素な」もしくは「質素な」という意味なので，フルーガル・イノベーションは文字通り，簡素，質素なイノベーションということになる．まずは，以下にフルーガル・イノベーションの具体例をいくつか挙げる．

①重い荷物を運ぶため，普通の乗用車にリアカーをくくり付ける．
②断熱性の高い粘土の箱を，電気を必要としない簡易な冷蔵庫として使う．
③スマートフォンのカメラ機能を鏡の代用として使う．

いずれも，ある環境の中で得られる限られた資源を活用して問題解決することを目指している．これらは，限定された条件の中で起こるイノベーションという点において，本書にて扱う不便益にも通ずるものがあると考えられる．

イノベーションという言葉を聞いて，最先端の高度な技術を駆使した発明を思い浮かべる人も多いかもしれない．しかし，新興国の地方の農村等では，木材や廃材等を積極的に活用してさまざまな道具を工夫して作るといった事例も存在する．これらを単に初歩的な技術のみによる問題解決と捉えてはならない．簡素・質素でありながらも，そこで生活する市井の人々の不便害を低減し，社会に多大な貢献をした例もあるからである．

その一つが，具体例②に挙げた，インドで開発された電気不要の冷蔵庫「ミティクール」である[6]．この商品は約3,300ルピー（約5,000円）で格安ということもあり，評判が評判を呼び，瞬く間にインド全土へ広まり，最近はアフリカなど海外でも販売されている．このように社会へのインパクトが大きいものはイノベーションと呼ぶに値し，フルーガル・イノベーションという言葉にも違和感はない．

人間は生きていく上で，日常的にさまざまな問題に直面する．そのような場合，まずは手の届く範囲にある資源を活用して解決しなければならない．周囲に便利なモノがない新興国では，フルーガル・イノベーションは日常的に必要不可欠であると言えよう．特に，あるテーマでフルーガル・イノベーションが繰り返し実施された結果，特定の技術が著しく洗練化することがある．そこに先進国から見ても斬新な発想が含まれている場合，それまで遅れていたことが逆にトリガーになって，先進国を超えて別の技術が発展・普及するといった事態も起こり得るのである．以下にその例を示す．

- 電話網の発展が進んでいない国では，携帯電話が急速に普及した結果，実店舗を必要としない充実したネットバンキングサービスが提供されている．
- 偽札等により現金への信頼が薄い国は，キャッシュレス化が急速に進んでいる．現金への信頼が厚い日本ではキャッシュレス化は遅れている（図3.2）．
  その理由は，日本では全国に5万店以上あるコンビニのほぼ全店舗にATMが設置され，高信頼性技術で，偽札対策も十分織り込んだ上で紙幣を製造しているという背景があることだ．一方，新興国にはコンビニがまだ十分になく，ATMも普及していない上に，紙幣製造技術に対する信頼性も最近まであまり高くなかったため，キャッシュレス化が急速に進んだ．

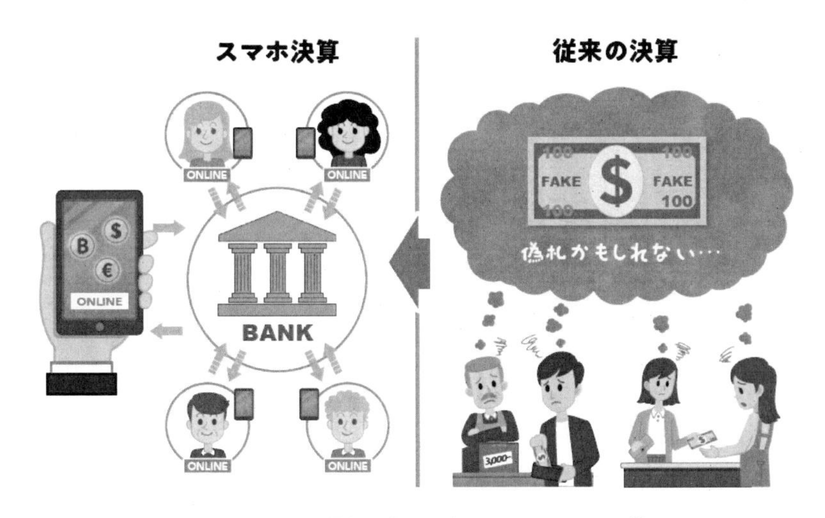

図3.2　現金への信頼が薄いと進むキャッシュレス化

継続的なイノベーションは，人類の発展において重要な役割を果たしてきた．恐らく今後も同様であろう．上述した事例のようなイノベーションを改めてフルーガル・イノベーションとして区別し，積極的に認識することは，今後，我が国の企業がグローバル展開を進めていく際に，各地域のニーズに合わせた商品・サービスを開発する上でも有意義であろう．

特にインドやケニアなど新興国のモノづくりが，フルーガルを一つの特徴としているのは間違いない．そして，そのようなイノベーションの多くは，その国に住む地域の一個人によって提供されるものでもある．つまり日本のカイゼンとは違って，市井の人による非組織的草の根イノベーションであるケースが多いということも，フルーガル・イノベーションの特徴の一つである．

3.2.2 インドのジュガード思考

日本発の組織的草の根イノベーションであるカイゼンに対して，新興国のローカルコミュニティ発の（非組織的）草の根イノベーションの象徴とも言えるのが，インドのジュガード・イノベーションである．ジュガード

(Jugaad) はヒンズー語で「革新的な問題解決の方法」や「独創性と機転から生まれる即席の解決法」という意味[6]を持つ.

ジュガード・イノベーションは，インドに限らず他の新興国等でも広く見られる現象である[7]. もちろん，商品化する段階で企業のサポートや協力が入ることも多いが，基本的にはローカルコミュニティという現場の要求から誕生するユニークな製品・サービスを指すので，経済面・技術面・組織面などにおいて極めて厳しい制約下で，現地人（総じて低学歴の人々）が開発したものが多い.

このような背景の中で，Indian Institute of Management in AhmedabadのProf. Anil Guptaが中心となって1989年に設立し，運営している非営利団体“Honey Bee Network”[8]は，25年以上にわたりインドのジュガード・イノベーションをサポートし，彼らのネットワークを作り，その成果をマガジン[9]等で定期的に発表している.

ジュガード思考の原則は，「逆境を利用する」，「少ないものでより多くを実現する」，「柔軟に考えて迅速に行動する」，「シンプルにする」，「末端層を取り込む」，「自分の直観に従う」の6つである[6]. 一方，図3.1でも紹介した通り，改善活動の特徴は「手段選択・方法変更」，「小さな変化の積み重ね」，「現実的制約との対応」の3つである. そこで，前述したカイゼンマインド，改善活動の3つの特徴，ジュガード思考の6原則の関連性の分析を試みた（図3.3）.

この体系図から，3つのことが考察できる. 1つ目は，カイゼンマインドと改善活動は，相互に密接な関連性を持つということである. この点に関しては，前述した日本のモノづくりの歴史的な経緯を考えれば納得できるであろう.

2つ目は，ジュガード思考の6原則とカイゼンマインドや改善活動の特徴も，多くの部分で関連性を持つということである. 特に「シンプルにする」は，カイゼンマインドの「シンプル」と完全に一致するし，「少ないものでより多く実現」や「逆境を利用する」などは，カイゼンマインドの「ローコスト」や改善活動の「現実的制約との対応」の特徴と類似するコンセプトである.

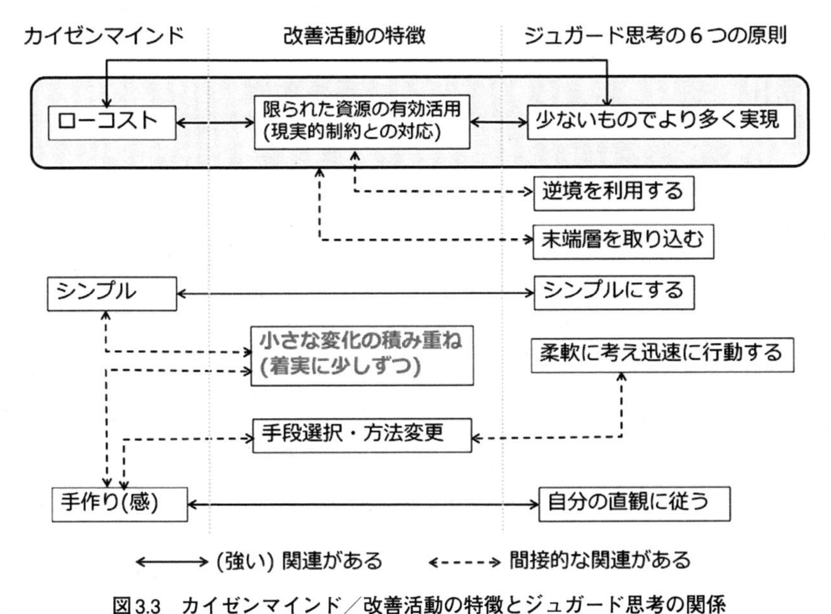

図3.3 カイゼンマインド／改善活動の特徴とジュガード思考の関係

このように，カイゼンマインド／改善活動とジュガード思考には，一定の親和性があることが分かる．なお，前述したフルーガル・イノベーションも，日本文化のモノを大切にする「もったいない精神」に通じ，カイゼンマインド／改善活動やジュガード思考との共通性が見られる．これらのモノづくりアプローチにお互い共通しているのは，限定された条件下（資源下）の中で起こる創造的な活動であるということであり，本書にて扱う不便益にも通ずるものがあると考えられる．というのも，「限定せよ」という不便な状態こそが，「工夫できる」などの益を得やすい状態だからである．

一方，3つ目は，カイゼンマインド／改善活動とジュガード思考との相違点である．改善活動の特徴の一つである「小さな変化の積み重ね」は，継続性を尊重した日本の組織的な草の根イノベーションの強みを示したものであるが，ジュガード思考はこれを持たない．

3.2.3 ケニアのジュアカリ思考

ジュガード・イノベーションと同様，ケニアの「ジュアカリ」も，ローカルコミュニティの，経済面・技術面・組織面などにおいて極めて厳しい制約下で，現場のニーズから誕生するユニークな製品・サービスを提供することを指すものである．

ジュアカリはスワヒリ語で「熱い太陽（太陽：Jua，熱い：Kali)」を意味する．ケニアでは1980年代からこの言葉が，インフォーマル・セクターにおける，主に技術や技能を必要とする製造業や修理業を意味するようになった．そこで働いている主に低学歴の現地人も，ジュアカリ職(Jua Kali artisans)と呼ばれている．職人たちのほとんどが社屋事務所や工場等の正式な営業所を持たず，道路沿いの空き地で熱帯の熱い太陽の下で働いていたことによる．

Kenneth King[10]の調査・研究によれば，ジュアカリという名前が定着したのは，1985年のある日に，当時の大統領がナイロビのある道路を通った際に，多くの職人たちが「熱い太陽」の下で働いているのを目にしたことに始まる．大統領はこれに同情し，職人たちが少しでも楽に仕事ができるよう，上屋の整備を約束した．この出来事により，ジュアカリはケニアのインフォーマル・セクターとして認められた．産業・貿易・協同組合省にジュアカリ協同組合(Jua Kali association)も登録され，ジュアカリ企業とその他の中小企業を推進する機関Micro and Small Enterprise Authority (MSEA)も設立された．このジュアカリという概念は東アフリカの国々にも浸透している．

ジュアカリ職人は，身近にある材料を使って，自分の発想でクライアントが求めている機能を満たす製品をどんなものでも作れるという自負を持っている．事実，ジュアカリの大きな特徴として，現地住民が日常的に必要としているものは，ほとんど作ることができるそうである．図3.4は，ジュアカリ職人が作業している現場やその周辺を撮影したものである．

製品・サービスは，オリジナル発想によるものもあれば，既存のものをコピーして現地ユーザのニーズに合わせたものもある．また，原材料のほとんどは廃材であり，再使用と再利用が基本であるため，ジュアカリ商品はコスト面で優れ，ケニアで大きな割合を占める低所得者に受け入れられている．一方で，多くの商品はデザインや耐久性等の質が低いため，最近では，ジュアカリという言葉は「大ざっぱに作られたもの＝乱雑な作り」

という意味も持ち始めている．

近年，低コストの輸入品との競争が激しくなっており，ジュアカリ製品にも品質の改善や，例えばデザインの良さなどの付加価値が求められるようになってきている．それでも，現地のニーズに柔軟に適応するジュアカリ職人は欠かすことができない．

図3.4 ジュアカリ職人とその周辺風景

3.1節と3.2節で論じてきた先進国と新興国の代表的なモノづくりアプローチの特徴を整理すると，表3.2のようになる．この表から，先進国においても新興国においても，想定される不便益の視点は，意外にも概ね共通していることが分かる．しかし，「経営資源の限定性」に焦点を当てた場合，先進国と新興国との間では保有する経営資源に大きな隔たりがある．このため，新興国の方がより厳しい限定条件の中で創意工夫しなければならないが，その分，解決案にたどり着いた後は，先進国の開発者以上に達成感やある種の「私だけ感」が得られるのではないだろうか．

表3.2　先進国と新興国の主なモノづくりアプローチの比較表

	カイゼンマインド	ジュガード思考
発祥の地	日本	インド
キーワード	・シンプル ・手作り ・ローコスト	・少ないものでより多く実現 ・逆境を利用する ・末端層を取り込む ・シンプルにする ・柔軟に動化迅速に行動する ・自分の直観に従う
イノベーションを冠した名称	・組織的草の根（グラスルーツ）イノベーション	・非組織的草の根（グラスルーツ）イノベーション ・ジュガード・イノベーション
その後の広がり	欧米先進国→新興国の大企業へ Kaizen Activities	他の新興国：ジュアカリ（ケニア） →先進国へ：フルーガル・イノベーション
活動体系上の特徴	組織的活動～企業の対応なので、現場の小集団単位で小さな変化の継続的な積み重ねを目指す	非組織的活動～個人の対応なので、柔軟に考えて迅速に対応する
（想定される）主な不便益の視点	経営資源が限定的であるから工夫するしかない	・経営資源が限定的であるから工夫するしかない ・個人対応が多いので私だけ感がある

3.3 防災・減災へのアプローチ

3.3.1 防災と不便益

本節では，都市，地域等の機能を持続・向上させるのに必要不可欠なインフラにおいて，特に人間の生命・財産を維持する上で欠かせない災害対策へのアプローチを紹介する．災害対策においては，防災力と減災力が重要となる．「防災(prevention)」は災害による被害の発生を防止するための取り組みである．一方，「減災(disaster risk reduction)」は被害の最小化を目指す取り組みである．防災・減災においては，自助・共助・公助の重要性が強調されることが多い．「自らの命は自ら守る」という考え，すなわち自助が根底にあることは当然であるが，それに加え，各個人が意識を高めることが，社会全体の共助・公助を伴った防災力・減災力の向上につながる．

日本は，地理的・地形的に自然災害を受けやすい世界有数の国であり，インフラにおける災害対策の重要度は極めて高い．例えばマグニチュード6以上の地震の18.5％は日本で起こっており[11]，全世界の災害被害額の約17.5％が日本における被害によるものである．これらの災害に対応するために，日本では，ハードとソフト双方による災害対策が進んでおり，防災力・減災力の強化を目的とした教育や技術は世界的に見ても先駆的なものが多い．

ところが，近年のITその他もろもろの技術の高度化は，我々の生活を便利にした一方で，災害対策においてはいくつかの弊害を発生させている．例えば，衛生面で問題が発生しやすい災害時には，市街の高層密集化は，かえって伝染病等の拡大を速めてしまう．また，高度な通信技術は大量の情報を瞬時に拡散させる一方，その情報の信憑性を確認することが困難となり，自ら疑問を持ち問い考える力（クリティカル・シンキング力）の低下をもたらすことも考えられる．

これらは，防災力の脆弱化にもつながる．技術の発展が災害対策に貢献することは確かであるが，同時に生じるこれらの脆弱性の克服は大きな課

題である．そこで，社会を構成する各個人が防災力・減災力の強化に貢献する活動が注目されている．それらの活動は必ずしも利便性のみを追求するものではなく，本書で扱う不便益との関連性を見いだすこともできる．

3.3.2 防災意識の啓発

防災力・減災力の強化のためには，当然，日常的な防災意識の啓発が欠かせない．その最も一般的な活動は，避難訓練であろう．特に災害が発生しなくても，避難訓練は定期的に行われる．準備に時間と労力をかけて訓練を行い，参加者の意識を高めることで災害時の非常事態に備えるものである．

また，行政機関は防災意識の啓発のためにさまざまな資料を作成し配布しているが，残念ながら，平時にこれらの資料を注意深く読む人は少ないと報告されている．そこで，これらの資料を「自分で作る」機会を設ける取り組みが注目されている．防災に関する情報を主体的に収集して資料を作成する過程を通じ，防災意識を高めることが狙いである．

具体的には，被災想定区域や防災関係施設，避難経路・避難場所等の設備を地図にしたハザードマップ，災害に必要な備えや災害時に取るべき行動等がまとめられた防災手帳，事前に災害時の行動を計画するマイタイムライン等を自作する．手間はかかるが，ハザードマップを塗り絵にするなど，楽しんで参加できる工夫も随所になされている．資料を配布しただけの場合に比べ，防災意識をより高め，災害への準備を確実に行うことが可能となる．

3.3.3 緊張感を保つ試み

近年，防災力・減災力の強化への新たな取り組みとして，あえて完全な安全を目指さない，つまり，わずかな不安を意図的に残すことにより，住民の意識を高めることが議論されている．

芳村らによる2018年の西日本豪雨に関する調査報告[12]では，真備町と大洲市の被害状況が比較されている．定期的な浸水を受けている大洲市に比べ，1976年以降水害を受けてない真備町の被害は大きかった．真備町では水害危険区域が市街化していた一方，大洲市ではほとんど農業用地のままとなっていたからである．もともと浸水しやすい場所（このケースでは農業用地）は，過去の経験に基づき，むしろ危険にならない程度に浸水させることが，一人一人の防災意識を高め，適切な対策を考えるトリガーになっていたのである．

また，IT技術の進歩は迅速な情報提供を可能としたが，そのことが情報の信頼性を下げ，住民が自ら正しい情報を選別する必要が生じている．そこで，情報量を限定することにより誤った情報の伝達を防ぎ，災害時の正しい行動を促す取り組みが考えられている．

例えば津波警報の場合，現在の早期警報システムでは津波の高さが通知される．しかし，仮に発生する津波の高さが3m未満と通知された場合，海抜3m以上に住んでいる人は速やかな避難を躊躇し，万一予想に反して3m以上の津波が来た場合に被害が拡大する可能性が高い．このような事例は，東日本大震災や2018年9月28日のスラウェシ地震・津波の際に実際に報告されている．そこで，例えば津波の高さを通知しないなど，あえて提供する情報を減らすことも，被害軽減につながる対策の一つとする議論がなされている．

3.4 各アプローチにおける不便益視点

前節までで紹介してきたさまざまなモノづくりアプローチについて，不便益の視点を絡めて，改めて振り返ってみたい．

3.1節では，「先進国型モノづくりアプローチ」を取り上げた．かつての先進国型モノづくりでは，多機能化による価値の単調増加型のアプローチが主流だった．しかし最近では，単にハイエンドを追求するのではなく，SDGsを意識し，環境・社会・経済という3つの価値をバランスさせて，将来世代のニーズにも応えようとする，より長期的視点に立ったモノづくりが志向されている．

3.2節では，近年経済発展が目覚ましいインド等における例をはじめとした「新興国型モノづくりアプローチ」を紹介した．経済発展による新中間層の台頭によって，かつての先進国型モノづくりを踏襲している面もあるが，その背景にはあくまでも現地目線のモノづくり思考が根付いていることに注目した．

例えば，廃材等の限られた資源を活用して，創意と工夫で庶民の暮らし向きの改善を担う，現地コミュニティ特化型のイノベーションなどである．このような現地目線のモノづくり思考と不便益との親和性を見いだそうとする試みは，新たなモノづくりのトリガーになるのではないだろうか．

3.3節では，一見するとモノづくりと無関係に見える防災・減災へ不便益コンセプトを導入する可能性について考察した．本節で防災・減災に言及した理由は，社会インフラなど価値ある創造物の破壊に直結する災害への対応は，自然災害大国である日本のみならず万国共通で，必須だからである．

大きな災害が発生すると，一瞬にして不便害に陥る危険性が高い．その場合は，当然不便害から早く脱する対策が最重要ではあるが，一方で，普段から便利益に慣れすぎないようにする対策も必要である．例えば，ふだん全自動炊飯器で米を炊いていると，停電が長期に及んだ場合に炊飯ができない可能性が高い．このようなリスクにスムーズに対処できるように，あえて電気不要のマニュアル型炊飯器（不便益機能実現炊飯器）を開発して，災害時対応を兼ねることも考えられるのではないだろうか．このように，防災・減災に対応した（モノづくり）アプローチは，困難に直面しても極力マイナス面を回避できるように，不便益の考え方を活用するものである．

本章で紹介してきた3つのモノづくりアプローチを，第1章の図1.6で示したグラフを利用して，図3.5に示す．

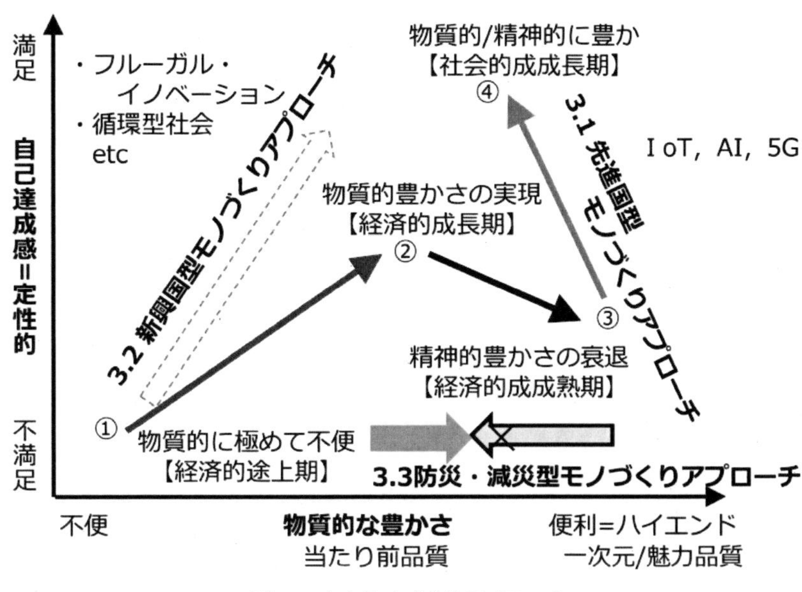

図3.5　主なモノづくりアプローチ

第3章 参考文献

[1] ビジャイ・ゴビンダラジャン，クリス・トリンブル，『リバース・イノベーション』，渡辺典子（訳），小林喜一郎（解説），ダイヤモンド社，2012.

[2] （社）日本プラントメンテナンス協会，『からくり改善事例集』，日刊工業新聞社，2009.

[3] Wohlfart, L., Mark, B., Claus, L., Frank, W., The two faces of frugal innovation-bridging gaps to faster successful innovation strategies, Proc. of The Innovation Summit, Brisbaine, Australia, 2015.

[4] Manabu, S., How does Japanese "Kaizen Activities" Collaborate with "Jugaad Innovation"?, Proc. of PICMET '16, pp. 1074-1085, 2016.

[5] 日本HR協会，カイゼンとは
https://www.hr-kaizen.com/kaizen/ （参照2020-06-16）

[6] ナビィ・ラジュ，ジャイディープ・プラブ，シモーヌ・アフージャ，『イノベーションは新興国に学べ！』，月沢季歌子（訳），日本経済新聞社出版，2013.

[7] Smith, C., DESIGN FOR THE OTHER 90%, Cooper-Hewitt, National Design Museum, Smithsonian Institution, 2007.

[8] Honey Bee Network
http://www.sristi.org/hbnew/（参照 2020-06-16）

[9] Gupta, A., Honey Bee 25years Celebration, Riya Sinha Chokkakula, 2015.

[10] Kenneth King, Change and Development in an Informal Economy, 1970-95 (Eastern African Studies), Ohio Iniv Pre, 1996.

[11] 内閣府，平成26年版防災白書　附属資料1 世界の災害に比較する日本の災害被害
http://www.bousai.go.jp/kaigirep/hakusho/h26/honbun/3b_6s_01_00.html
（参照 2020-06-16）

[12] 平成30年7月豪雨に関する資料分析第1報
http://hydro.iis.u-tokyo.ac.jp/Mulabo/news/2018/201807_NishinihonFloodReport_v01.pdf

第4章

不便益を実現するデザインアプローチ

従来のVEの機能的研究法では，より便利なものを低コストで実現する方法を目指してきた。しかし，第2章で提案した第三の機能「不便益機能」は，不便であることを要求する。本章では，不便益機能を兼ね備えた製品やサービスを実現するための新たなデザインアプローチを提案する。このために，機能的研究法に着想を得ながら，具体的な事例を示しつつ，不便益機能の具現化を試みる。

4.1 従来のデザインアプローチ

私たちは日常生活の中で，多くの製品やサービスを取捨選択している．そして提供者である企業は，より多くの消費者・使用者に選択してもらえるよう，価値の高い製品やサービスを企画し，開発や改善を繰り返す．これらの努力によって，使用者にとっての不便は解消され，さらに便利で効率的・効果的，そして魅力的な製品やサービスが適正価格で市場に投入されていく．

このように従来の価値改善とは，図4.1の左下の象限の，使いづらくて手間がかかるといった不便で害があるものを，右上の象限の，多機能で手間いらずといった便利で益があるものに改善することであり，第2章で述べた通り，多様で高品質な機能を低コストで達成することで使用者の満足，すなわち価値改善・向上を追求してきた．

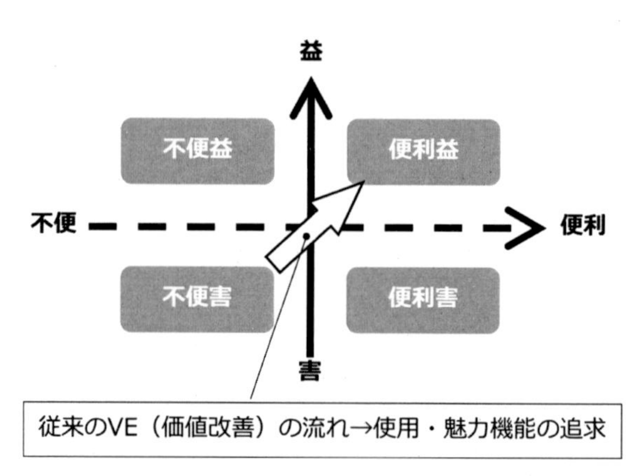

図4.1　従来の価値改善の流れとVE活動の関連

私たちの生活は，不便な状態から便利な状態に確実に変化を遂げてきた．例えば洗濯という作業は，洗濯板を用いた手洗いという重労働から電気洗濯機，脱水層付きの二槽式洗濯機へと，時間と労力が大幅に改善された．さらに，洗濯槽から脱水槽に洗濯物を入れ替える手間も省かれ，現在では全自動洗濯機が当たり前となった．こうして洗濯に要していた時間を，家族団らんや他の仕事に充てることができるようになった．

また電話は，固定電話が携帯電話へ，さらにスマートフォンへと変革し，単に遠方にいる人と会話ができるだけではなく，さまざまな機能を持ったことで，さながら隙間時間を埋めるために活用される機会も多くなってきた．隙間時間を生み出すためのものが，隙間時間を埋める手段になってしまっている感があることは，何だか滑稽に思えてくる．

選択できる製品・サービスが増え，意思決定するための情報にあふれている現代において，価値の捉え方は多様化し，市場が求めるのは便利なもの一辺倒ではなくなった．製品やサービスを提供する企業も，より高機能・高性能なものづくりだけでは，使用者の満足度を高めることができなくなってきていることは，自覚するところだろう．そしてこうした時代背景により，不便から得られる豊かさ・楽しさ・嬉しさが注目を集めているのではないだろうか．

4.2 不便益を実現するデザインアプローチの提案

それでは，「不便だからこそ益がある」状態を意図的に作り出すために，どのように製品やサービスを企画すればよいのだろうか．従来の手法が便利さを追求するためのものであったとすれば，異なるアプローチの新しい手法が必要になるに違いない．そこで筆者らは，図4.2に示すように不便益という価値を創造するための手法として4つの可能性を検討した．

手法① 便利益を不便益にする方法

すでにある便利な製品・サービスを直感的に不便なものにしてみるという，至ってシンプルなアプローチである．

とにかく不便にしてしまうためのアイデアを出そうというものだが，直感で新たなものを創造することを支援するために，次節で説明する「不便益・原理カード」[1]という発想支援カードを活用する方法がある．これは「益が得られやすい不便」にするための方法をキーワードでカード化したもので，強制的な発想を支援してくれる.

手法② 便利害を不便益にする方法

便利さを追求した改善や技術革新を繰り返すと，ある時点で便利さは飽和し，使用者は便利になったことを当たり前と思うようになる．そして，従来かけていた労力や認知リソースが使われなくなることによって，自身の能力が低下したことや不満を抱いている点に気付かなくなってしまう．そこで，対象となるものが現在達成している便利で有益な点を明確にすることによって，逆に使われなくなった能力や精神的な達成感の低下に気付かせ，これを再び積極的に使わせることを目指す.

この方法はVE手法と親和性が高いように思われたため，VEの機能的研究法を活用することにした.

手法③ 不便害を不便益にする方法

製品が市場に投入され，長期にわたって認知されて成熟すると，何らかの不便さを感じるようになる．そして，これを解決するために次の新商品が生まれる．先の洗濯機の例では，全自動洗濯機という新たなものが登場すると，二槽式洗濯機はたちまち不便なものという一段低い評価を受けることに相当する．この方法では，このような不便さを嫌なものと捉えずポジティブに利用し，別の楽しみを発見しようと試みる．後述する「不便益・益カード」[1]を活用しながら，「不便だからこそ得られる益」へと変換する.

手法④ ゼロベースで不便益アイデアを発想する方法

①～③の手法は，既存の製品に改良を加えて不便さあるいは益を見いだすことによって，新たな価値を創造しようとするものである．これに対し手法④は，不便さを具備した全く新しい製品・サービスをゼロベースで創造しようとするものである.

ここでも手法②と同様にVEの機能的研究法の活用が有効となるが，従来からある製品の改善アプローチではなく新しい商品開発となるため，4つの手法の中でも最も特徴的で斬新な手法を提案したい.

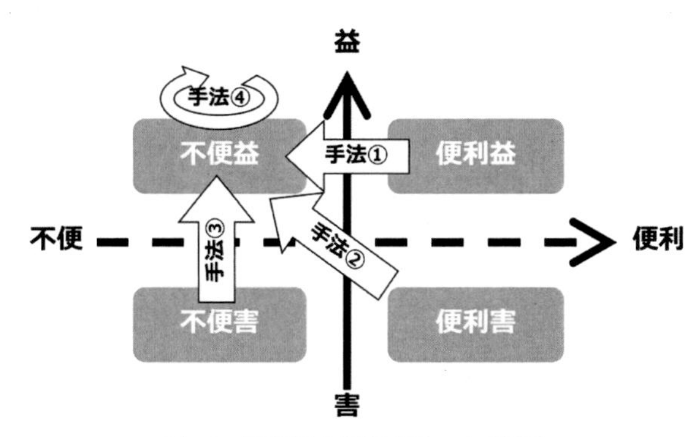

図4.2　不便益を実現する4つの手法

以降では，実際に身近な製品に上記の手法を適用した事例を紹介しながら，製品やサービスを企画する実践的な手法を詳細に説明していく．

4.3 手法① 便利益を不便益にする方法

4.3.1 VEが追求してきた象限からの発想

VEが産業界に受け入れられ，広く製品開発や改善活動に用いられてきた背景には，消費者・使用者の「より便利に」という要望があり，提供者である企業がそうしたニーズに応える努力を続けてきたことがある．確かに私たちの生活環境は大きく変化を遂げ，物質的な豊かさは一昔前とは隔世の感がある．

手法①は，便利で多機能・高性能な製品を題材として取り上げ，これを「不便にしてみる」というアプローチである．多くの人々がその製品から便利を享受し，技術が成熟して世の中に定着しており，特に不満は見いだせない，つまり一見これ以上積極的に高機能・高性能にしていくニーズがないと判断できる製品を，発想の起点にするとよい．使用者は便利さに慣れ，さらなる便利は求めていないので，むしろ不便を受け入れやすいのではないかと思われる．

対象となる製品を選んだら，同じ機能を果たした上でどうすれば面倒（頭を使う・手間がかかる）になるかを考えてみる．この「どう不便にしたらいいか？」という問いに対しては，いくつかの着眼点を提示することができる．

図4.3は，「益が得られやすい不便」をカード化したもので，「不便益・原理カード」[1]と呼ばれている．これは不便益と認識された多数の製品・サービスに共通する不便や益をまとめ，視覚に訴えるように絵で示したツールである．発散的思考の支援に効果があることが確認されており，どのように製品を不便にしたらよいかの指針となる．まずは不便益・原理カードに示されるコンセプトを理解し，発想の切り口にしてアイデアを創出していく．

図4.3　不便益・原理カード

アイデア発想の段階では，とにかく不便にしてみることを追求し，不便にしたがゆえに害が見いだされる，いわゆる「不便害」になり得る着想も歓迎する．別の製品になってしまわないよう，もともとの製品が持つ基本機能を果たす必要はあるが，得られる益の性質は異なったものとする．便利だったときとは異なる，不便だからこそ得られる益を創出していくのである．

4.3.2 手法①の事例

(1) 事例① 素数ものさし

図4.4に示すのは，京都大学のオリジナルグッズの一つである「素数ものさし」[2]である．従来のものさしとは異なり，目盛は素数にだけ付けられている．誰もが使うものさし（厳密にはものさしと定規の機能を合わせ持つ道具）から発想したものである．この素数ものさしと一般的なものさしのそれぞれの基本機能と得られる益を，表4.1に整理する．

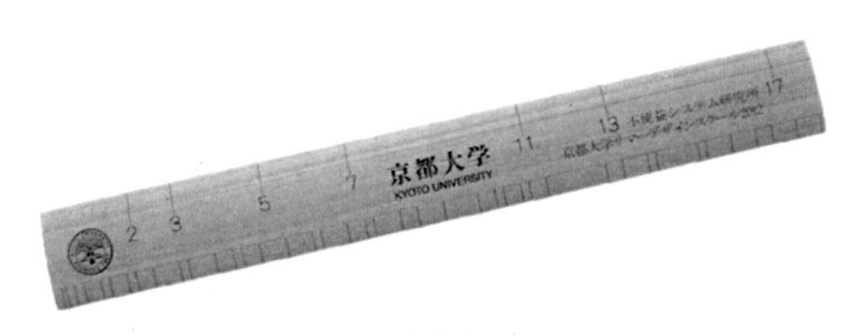

図4.4　素数ものさし

表4.1　ものさしの基本機能と得られる益

<table>
<tr><th></th><th>基本機能</th><th>得られる益</th></tr>
<tr><td>従来のものさし</td><td rowspan="2">・長さを測る
・墨付けをする
・直線を引く</td><td>整数と直線の長さの変換を効率化する</td></tr>
<tr><td>素数ものさし</td><td>整数と直線の長さに関する関心度を上げる</td></tr>
</table>

私たちが日常的に用いている一般的なものさしは，プラスチック製，アルミ製，ステンレス製，竹製などで，目盛が付けられ，ものの長さを測ったり直線を引いたりする道具である．

一方素数ものさしには，素数以外の目盛が存在しないため，足したり引いたりして素数を組み合わせ，求める自然数を導き出さなくてはならない（ミリ単位まで算出可能）．例えば，4センチメートルの直線を引く場合，7－3＝4で7と3の目盛の間を用いる．2の目盛を2倍してもよいだろう．このように，どの素数を組み合わせて求める長さを導き出せばよいかを考える楽しみがある．

こうした手順は，頭を使う・手間がかかるため不便である．一方で，直線の長さを「数字」というデジタルな概念ではなく「大きさ」という実体のある具象的なものとして捉えることで，整数・素数のみならず長さへの関心度を高めることも期待できる．すでに数万本が販売され，算数の授業に取り入れている小学校もあるようだ．

この素数ものさしはブレーンストーミングによるディスカッションの中から生まれたアイデアであり，不便益・原理カードを用いて発想されたわけではないが，不便益・原理カードにおける「情報を減らせ」が発想の起点になっていると考えられる．目盛の数字はセンチメートル単位の素数に印字されているのみであり（図4.4上側の目盛），ミリメートル単位も同様に素数単位での表示になっているが数字は印字されておらず（図4.4下側の目盛），一見して目盛であることは分かりにくくなっている．この他，不便益・原理カードにおける「操作量を多くせよ」「時間がかかるようにせよ」も関連していると考えられる．

（2）事例② かすれるナビ

自動車運転においてナビゲーションシステムはなくてはならないものになった．最近ではスマートフォンのアプリで代用する人も増えているようだが，自家用車におけるカーナビ搭載率は依然として高い．カーナビは，地図が苦手な人も無理なく目的地まで導いてくれるだけではなく，複数の代替案を示し，距離・時間や費用，CO_2排出量まで計算してくれる．方向音痴の人には今や必需品になっているのではないだろうか．知らない土地でも確実に目的地に到着できれば，予定通りに用事を済ませられ，大変便利なことであろう．

一方で，カーナビを利用するようになってから，地図を読むのがますます苦手になり，道を覚えなくなったという経験はないだろうか．また，周囲の建物・標識・景色などへの関心が薄れ，目的地に到着すること以外の偶然の発見や寄り道の楽しみがなくなってはいないだろうか．同様に鉄道についても，便利な乗換案内アプリの普及によって，路線図や時刻表を見る習慣がなくなり，知識量や調べる能力が低下してしまってはいないだろうか．

そこで，「かすれるナビ」[2]というアイデアが生み出された（図4.5）．一度通った道が次第にかすれていき，何度も通るうちに完全に見えなくなってしまうというカーナビである．消えてしまう前に通った道を記憶しなければならず，そのためには，周辺の風景やランドマークに目を向ける必要がある．

覚えたルートは，カーナビに頼ることなく，自分の記憶と周囲の風景を頼りに進むことになる．すると，次第に自分だけの地図が出来上がっていき，かすれていないルートを通るときには，「初めて走る道なんだな」という新鮮な気持ちでドライブを楽しむことができる．

このかすれるナビを，素数ものさしと同様に基本機能と得られる機能に整理してみる（表4.2）．

図4.5　かすれるナビ

表4.2　カーナビの基本機能と得られる益

	基本機能	得られる益
従来のカーナビ	現在地から目的地までの「距離」「ルート」「時間」を示す	目的地まで（間違うことなく・脇目を振らず）導く
かすれるナビ		目的地に向かう道筋に関心を高め記憶を促す

かすれるナビは，不便益・原理カードにおける「情報を減らせ」と「劣化させよ」が発想の起点になっていると考えられる．ルート情報を徐々に減らされることが自分一人だけのドライブ記録につながり，情報が劣化することにより達成感や新鮮な気持ち，そして工夫の余地や新たな発見が得られる．つまり，人とモノとのインタラクション（相互作用）の結果が残るという益を得ることができるのである．

4.3.3 手法①のまとめ

不便益・原理カードは発散的思考を支援するツールである．検討の視点・着眼点を網羅的に示すことでアイデアの多様性を促し，かつ論点を絞ることで着眼点一つ一つに思考を集中させ，アイデア発想することができる．また，ブレーンストーミングで活用すると，集団による自由連想が促進される．

これは「強制発想法」と呼ばれ，ブレーンストーミングを開発したアレックス・F・オズボーンによる「チェックリスト法」[3]が有名である．また，VEの創始者L.D.マイルズが遺した「マイルズの13のテクニック」[4]も，これに類するものであろう．

本節では便利益を持つ製品からの発想事例を紹介したが，裏に潜む便利害もまた，着想に影響を与えると考えられる．便利の行き過ぎによる弊害として便利害が顕在化したとき，不便の中に「害を防ぐために獲得したい益」を見いだそうとする．これは，素数ものさしの例ではあまり顕在化しているとは言えないが，強いて言えば「整数と直線の長さに関する関心度を下げる」という便利害が想定できる．

不便益・原理カードは，さまざまな事例を解析した結果から帰納的に得たものなので，まだまだ新しいカード（着眼点）は存在するだろう．「不便だからこそ楽しい」と思われる事例から，「これはなぜ・どこが不便なのだろう？」と考えてみるのも面白い．新しいカードを発見することは，今後の課題である．

4.4 手法② 便利害を不便益にする方法

4.4.1 機能的研究からの発想

前節で，技術的進化が成熟し世の中に定着すると，顕在化した不満は見いだせない場合があると述べた．そこで手法②では，既存製品への不満や，便利すぎるがゆえに気付かずに失っている機会・能力の損失を考えてみることから始める．

そのためにまず，VEの実施手順を踏んで現在果たしている便利な機能を明確にし，それが使用者の達成感や満足感を阻害している点を見つけ出す．そして，そこに対して積極的に労力をかけさせることによって阻害する要因を取り除き，不便益の実現を目指す．

(1) 便利益の把握

理解しやすくするために，はんこ（印・判）にこの手法を適用した事例を用いて，手順を説明する．

一般的なVE手法[3]を用いて，はんこが果たしている機能を明らかにしていくことから始める．いわゆる2nd Look VEアプローチである．まず，はんこの各構成要素を主語とし，「～（名詞）を～する（動詞）」という形式で機能を定義する（図4.6）．

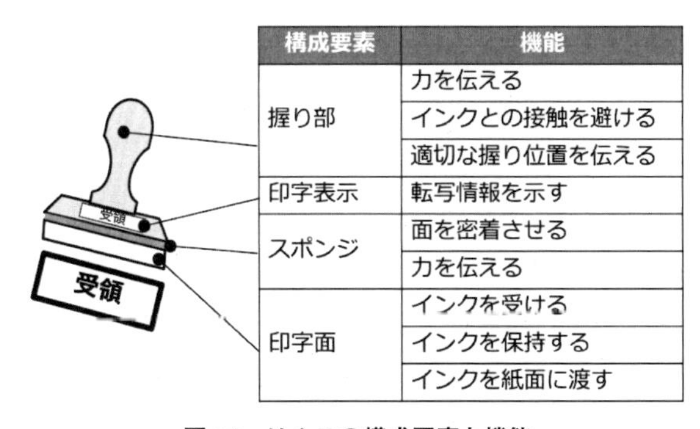

構成要素	機能
握り部	力を伝える
	インクとの接触を避ける
	適切な握り位置を伝える
印字表示	転写情報を示す
スポンジ	面を密着させる
	力を伝える
印字面	インクを受ける
	インクを保持する
	インクを紙面に渡す

図4.6　はんこの構成要素と機能

筆者らが用いたはんこは，「握り部」，「印字表示」，「スポンジ」，「印字面」

という4つの構成要素に分けることができた．そして，例えば握り部に対しては「力を伝える」，「インクとの接触を避ける」，「適切な握り位置を伝える」という3つの機能を定義した．

次に，図4.6で定義したそれぞれの機能に対し，「それは何のために？」という質問を投げかけることで目的と手段の関係を与え，目的が左，手段が右となるよう並べ替えて系統図（樹形図）を作る．このとき，もし定義した機能に目的に相当する機能表現がない場合は，新たに機能を追加する．例えば印字面の「インクを保持する機能」の目的は「転写情報を伝える機能」だが，図4.6に示すはんこの構成要素から定義した機能にはないため，新たに追加する（図4.7）．このような検討を，定義した全ての機能が1つの目的で結ばれるまで繰り返す．こうして完成した系統図を，一般に機能系統図という．

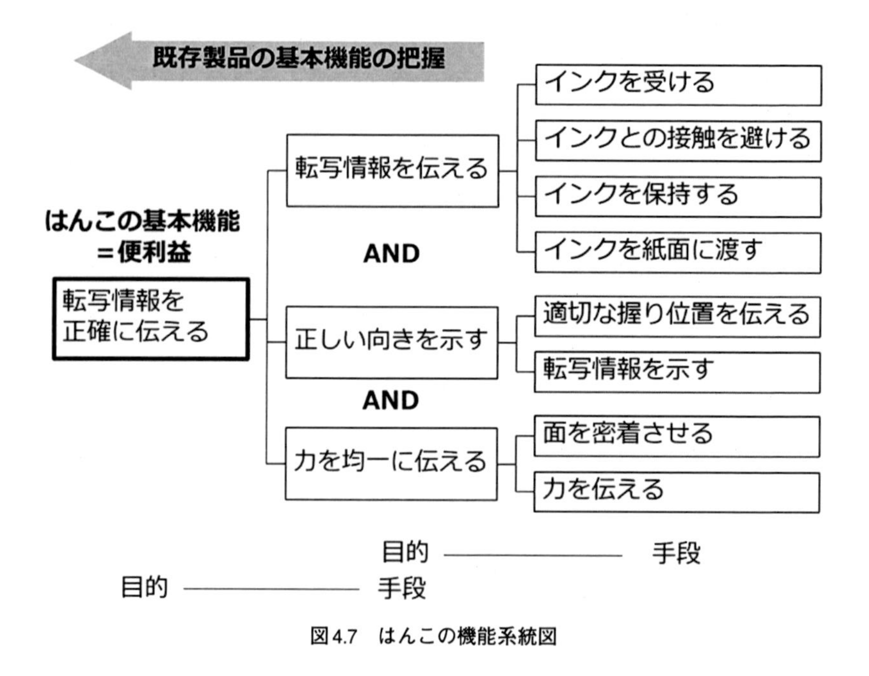

図4.7　はんこの機能系統図

最終的に1つに結ばれた目的が，はんこが全体として果たす基本機能であり，設計者が意図した便利益である．ここでは，「転写情報を正確に伝える」と定義した．つまりはんこは，常に同じ情報を正確に紙面等へ転写することで，転写された内容を受け手に伝える役割を持っているということが分かった．

ここで注目したいのは，図4.7の2列目に示す「転写情報を伝える」，「正しい向きを示す」，「力を均一に伝える」の3つの機能のかたまり（機能分野）は，はんこが目的（便利益）を達成するためにはどれか一つでも欠けてはならないということである．これを，「AND関係」と呼ぶことにする．これは，後述する不便益機能の系統図とは対照的なものなので，留意しておきたい．

（2）便利害の抽出

次に，便利になった反面，気付かぬうちに本来の目的を失っている点，便利すぎるがゆえに使用する過程での楽しみを失っている点などに着目して，便利がもたらす「害」を抽出する．

はんこの場合は，その性質上，転写情報が画一的にならざるを得ないことに着目し，「誰が押しても同じ画一的な情報であり，個性的な面白さや温かみが伝わらない」ことを便利害として取り上げた（図4.8）．機能系統図によりはんこの持つ個々の機能が明確になっているため，便利害に気付きやすい．

図4.8中段に抽出した便利害は，「～できない」という否定的な語尾を伴っている．そこで「どうありたいか」を想像することでこれらを肯定的な表現に反転し，不便益機能を定義する．ここでは，押す人によって印字面が変化するという楽しさ・意外さを付加することを想定し，「転写情報に個性を持たせる」と定義した（図4.8下段）．

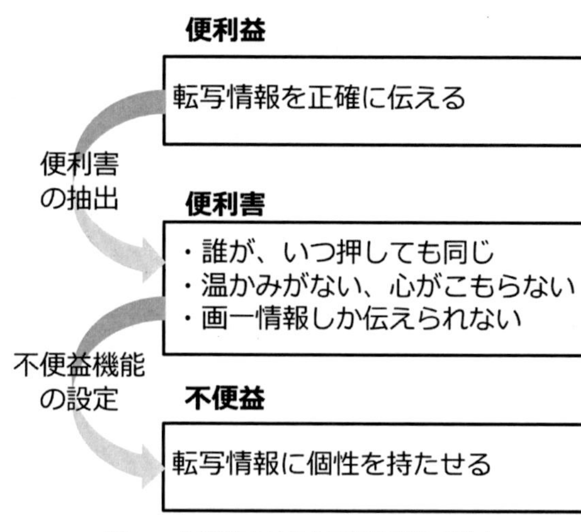

図4.8　便利害の抽出と不便益機能の設定

(3) 不便益の実現

最後に，定義した不便益機能を達成するために必要な手段的機能を展開する．このとき，既存のはんこの機能をあえて反対の意味になるように表現した（図4.9）．具体的に言えば，図4.7の3つの機能「転写情報を伝える」，「正しい向きを示す」，「力を均一に伝える」を，それぞれ「転写情報を変化させる」，「正しい方法を示しにくくする」，「力の伝わり方を変化させる」としている．言い換えれば，はんことしての機能を維持しながら制約条件となる「正確さ」や「均一性」を緩和し，そこに不便さや不確実性を取り入れるということである．図4.9は，不便益機能を達成するために必要な機能を系統図に整理したものなので，「不便益機能系統図」と呼ぶことにする．

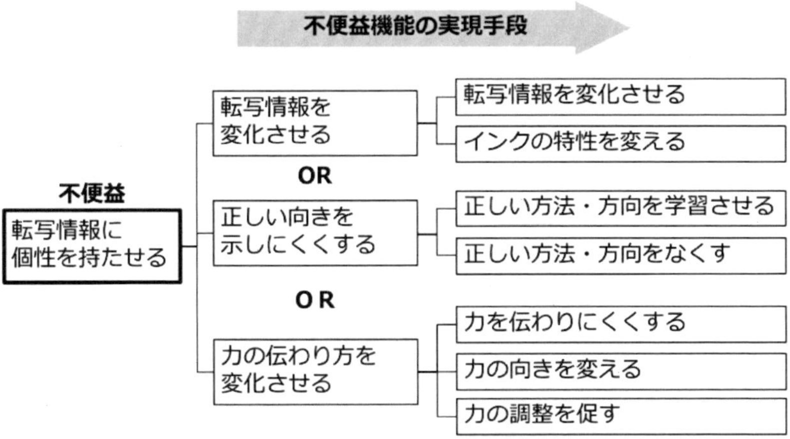

図4.9　はんこの不便益機能系統図

ここで，(1) で着目した機能分野の相互関係について振り返ってみたいと思う．図4.7の機能系統図では「AND関係」だったが，図4.9の不便益機能系統図では，同じ階層にある機能のどれか一つでも不便益機能になっていれば，「転写情報に個性を持たせる」という不便益を達成できることが分かる．これを「OR関係」と呼ぶことにする．ただし，はんことしての機能を維持するためには，不便益機能に変更しなかった機能は元の機能を維持しなければならない．例えば，「力の伝わり方を変化させる」(図4.9) を採用しなかった場合は，「力を均一に伝える」(図4.7) という機能は残さなければならない，ということである．つまり，機能系統図と不便益機能系統図は別々のものではなく，対にして考える必要がある．

以下では，不便益＆VE研究会で発想した不便益を具備したはんこのアイデアを紹介する．

4.4.2 手法②の事例

(1) 事例① 福笑いはんこ

1つ目は，不便益機能系統図 (図4.9) における「転写情報を変化させる」と「正しい向きを示しにくくする」を取り入れる「福笑いはんこ」である (図4.10)．上述のOR関係の考え方に基づき，「力の伝わり方を変化させる」という不便益機能は取り上げず，従来製品の使用機能である「力を均一に伝える」をそのまま採用することにした．このようにしても，上位の「転写情報に個性を持たせる」という不便益機能は達成することができる．

福笑いはんこでは，パズルのように顔の各パーツを組み合わせてさまざまな表情を作ることで，転写情報が変化するようにした．各パーツは，福笑いのようにどんな方向でも枠にはめることができ，目と眉毛の区別もあいまいである．このように，積極的に正しい向きの定義をなくすことで，思いもしなかったさまざまな表情が生み出されることが期待できる．

図4.10　不便益機能を取り入れた福笑いはんこ

(2) 事例② 球面はんこ

1つ以上の不便益機能を採用するだけでも不便益を意図した製品が出来上がるが，もちろん全ての不便益機能を採用してもかまわない．そこで，「力の伝わり方を変化させる」という不便益機能も付加させて，「球面はんこ」というものを試作してみた（図4.11）．

球面はんこは印面が凸状の球面となっており，押し方や押す向きによって転写情報が微妙に変化する．加えて，取手部を掴みにくい円錐状にし，力を伝えるのにコツが必要になるように仕向けている．これにより，使うたびに力の入れ方や持ち方に工夫が加わり，転写情報を変化させる楽しみが生まれるはんこになった．

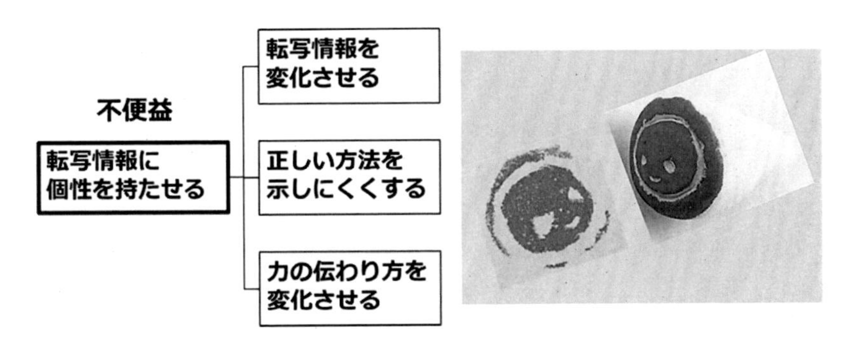

図4.11　不便益機能を取り入れた球面はんこ

4.4.3 手法②のまとめ

4.3節で解説した手法①は，不便益・原理カードを用いたブレーンストーミングによってアイデアを強制発想する方法なので，個人やチームの持つ情報量に左右される傾向がある．これに対し手法②には，従来のVE手法をベースに既存製品の便利益を明確にすることで，その製品が顕在あるいは潜在的に持つ便利害を把握するという思考プロセスを盛り込んだ．また，不便益機能を実現するにあたっては，目的側から手段方向へと必要機能を展開していくトップダウン型機能展開を併用している．こうすることで，チームで論理的に合意形成しながら，不便益機能を持つ商品開発ができる．

VE手法の用語を用いると，手法②の機能展開は2nd Look VEアプローチと0 Look /1st Look VEアプローチの組み合わせで体系化されていると言える．そこに不便益機能系統図に示したOR関係を意識することで，商品開発に広がりが生じる．

4.5 手法③ 不便害を不便益にする方法

4.5.1 過去の不便な体験からの発想

VEは不便害を克服し便利益の得られる領域を追求してきた．VEが適用される以前の製品には，機能に満足できない不便なものも多かった．もちろんそういった製品はいまだに存在するが，相対的には少なくなってきており，生活が豊かになった証拠であると言えよう．

不便益機能を持つ製品を発想するための3つ目の手法は，不便害のある製品を発想の起点にして，不便をできる限りそのまま生かした上で益を見いだしてみる，というアプローチである．

ただし，害があるかないか，そこから益を見いだすことができるかどうかは，主観により判断が分かれる場合も少なくない．また，製品の持つ基本機能に変化がなくとも，時代の移り変わりに伴う価値観の変化により，害が益に変わることもある．

そこで，「昔は不便だったけれど楽しかった」という記憶を手掛かりに題材を選んでみよう．例えば，スケジュールをスマートフォンのアプリで管理する人もいれば，手帳に細かく書き込む人もいる．また，レンズ付きフィルムは，30年前から何も機能が変わっていないにもかかわらず，現代の若い女性に人気がある．

「過去にあった不便で害のある製品」を選んだら，同じ機能を果たした上で（不便はできる限りそのまま生かして），益を見いだしてみる．この手法においても，手法①と同様いくつかの着眼点を提示することができる．図4.12は，8種類の「不便から得られる益」を定義しカード化した，「不便益・益カード」[1]である．図4.3の「不便益・原理カード」と同様に，不便益と認識された多数の製品・サービスから帰納的に共通的な益を見いだし，視覚に訴えるようにピクトグラムで示したもので，不便からどのように益を見いだすかについての指針となる．ここに示されたコンセプトを理解し，発想の切り口にしてアイデアを洗い出していく．

昔の記憶を頼りに発想するとは言っても，「昔に帰ろう」とか「不便だったけど良い時代だったな」という具合に，古いものの良さを見直してそのまま現代に蘇らせ，ノスタルジーに浸ろうということではない．手法①と同様，もともとの製品が持つ基本機能を満たした上で，現代の価値観やライフスタイルに合った形で，純粋に不便だったときとは異なる，それでも不便だからこそ得られる「益」を見いだすのである．以下では，他の手法と同様に，研究会で検討した事例を紹介する．

図4.12　不便益・益カード

4.5.2 手法③の事例

（1）事例① ケータイがない時代の記憶

ケータイが普及して大きく変わったのは，まず，個人が電話を持ったことである．それ以前は，電話は家庭にあった．電話番号表示がないため誰からかかってきたか分からないし，家族全員が1つの電話を使うため誰が出たかも分からない．したがってガールフレンドやボーイフレンドの家に電話をかける際は緊張したものだが，一方でさまざまな工夫の余地があった．何時ちょうどに電話をかけるとか，親がいない時間帯は何時頃だとか，ワン切り（そんな言葉もなかったと思うが）したら都合が良い合図だからかけ直してとか，いろいろと事前に示し合わせたものである．そこには二人だけの秘密があり，作戦が成功して相手とうまくつながった瞬間には喜びが得られた．

　また，現代では公衆電話のかけ方を知らない若者が増えているという．公衆電話を使うには最初に受話器を外さなければならないし，電話番号を覚える必要もある．このようにケータイやスマホと比べて不便な公衆電話から益を見いだすことができれば，不便益事例になるのではないだろうか．そこで，不便益・益カードを用いた強制発想を試みた結果を，表4.3にまとめる．

表4.3　現代における公衆電話の不便益事例

不便益・益カード	不便益の検討
主体性が持てる Make original	二人の思い出の場所にある特定の公衆電話を決めておく．思い出を一緒に振り返りたいけれど会えないとき，そこに行き電話をかけてみる．二人の思い出を大切にしていることが伝わるのではないだろうか．
俺だけ感がある Personalization	直接会えないけれども勇気を出して大事なことを伝えたいときに，公衆電話を使ってみる．10円で数十秒，時間制限がある中で確実に伝えることができるだろうか．自分だけに託された数十秒である．

(2) 事例② ポケベルの意図しない使い方

　ケータイが普及する少し前は，ポケベルの全盛期であった．しかしポケベルは，連絡が欲しいという意思は伝えられるが，言葉でのコミュニケーションはできなかった．そこで当時の女子高生たちは，ポケベル開発者が意図していなかった，数字で会話をする“ワザ”を編み出した．数字しか送ることができないからこそ，そこには不便益・益カードに示す「工夫できる」余地があり，「4649（よろしく）」「724106（なにしてる？）」といった言葉を次々「発見できる」ことで，数字からの変換を「上達できる」楽しさを味わえたのではないだろうか．変換例を紹介したマニュアル本も販売されたが，そのような便利の押し付けは楽しさを低下させてしまったかもしれない．

不便益・原理カードには「限定せよ」というものがあるが，この事例は，ポケベルは現代のスマートフォンに比べると機能が限定的であるため，不便益・益カードにある「工夫できる」「発見できる」「上達できる」という益を得ることができたものである．現在のスマホアプリにおいても，こういった不便益機能を活用する余地があるかもしれない．

4.5.3 手法③のまとめ

本節では2つの事例を紹介したが，いずれも「不便害」を着想の起点とし，不便益・益カードで発散的思考を支援することで，そこから益を見いだすことができた．これも手法①と同様に強制発想法の一種である．不便害は誰もが好ましくないと考えるものだが，使い方を見直したり，益が得られる使い方を期待して機能を意図的に限定したりすることにより，不便益への転換を図ることができる．

不便益・益カードでは「不便から得られる益」を８種類定義しているが，今後，新しいさまざまな事例や社会実装を通して，９枚目の益カードが発見されることもあるだろう．もとより益とは主観的なものであり，また時代背景や価値観によって感じ方はさまざまである．表現を分かりやすく一般化しているため，いずれとも重複しない新しい益が発見されることは容易ではないと想像するが，楽しみの一つである．

ところで，これまで挙げてきた事例はいずれも消費財を対象にしており，言い換えればB to C(Business to Consumer) 市場における題材を取り上げてきた．この市場においては使用者が私個人であることから，比較的不便を受け入れやすいと考えられる．一方で，B to B(Business to Business)の市場における使用者は企業であり，そこで提供される製品やサービスは当該企業が利益を生み出す手段になる．したがって一般に「高機能・高効率」が求められる傾向にあるわけだが，B to B市場においても不便益機能が評価される余地があるのではないだろうか．

例えば現在，工場では人材不足・作業者の技量低下という課題に直面しており，また，設備稼働率を上げるために予防保全の重要性はますます高まっている．ここに不便益の考え方を適用すると，「全自動でなく操作量が多いからこそ作業者の技量が育成される設備」や，「アナログであるがゆえに（ブラックボックスでないからこそ），故障の都度業者を呼ばなくても作業者自らが保全や修理ができる設備」といった発想が生まれ，ビジネスチャンスにつながると考えられる．

4.6 手法④ ゼロベースで不便益アイデアを発想する方法

4.6.1 不便益機能系統図からの発想

最後の手法④は，VEの実施手順で言えば0 Look/1st Look VEに相当し，不便だからこその益があるものをゼロベースで創造することを目指す．より便利なものを創造するという思考に慣れている私たちにとって，何もないところから不便なものを創造するためには，少々頭の切り換えが必要であろう．

(1)「不便から得られやすい益」の機能化

前節で述べた8枚の「不便益・益カード」（図4.12）が示す不便から得られる益を一般化・抽象化すると，それぞれの不便益の上位目的や得られる効果が整理され，いくつかの親和性の高いグループに分けられる．また，このように整理することによって新しい視点を見いだせることも期待できる．

まず，不便益・益カードの8個の文言を「～（名詞）を～（動詞）する」という機能表現に変えた（表4.4）．不便益・益カードには「～（することが）できる」という表現が多く，これを機能表現にするには，目的語を伴う他動詞に変換することが適切である．できる限り制約が少なく，自由度が広がる表現になるよう，「～を可能にする」「～を促す」「～をさせる」といった表現を用いることにした.

表4.4 不便益・益カードの表現に対応した不便益機能

不便益・益カード	不便益機能
能力低下を防ぐ	能力低下を防ぐ
上達できる	上達を可能にする
工夫できる	工夫を可能にする
安心できる 信頼できる	安心感・信頼感を得る 対象系を信用できる
発見できる	新たな発見を促す
対象系を理解できる	対象系の理解を促す
主体性が持てる	主体性を持たせる
俺だけ感がある	私だけ感を与える

そして，表4.4に示す不便益機能に対し，手法②と同様に目的と手段の関係を与え，適宜修正したり新たな機能を追加したりして，機能系統図を完成させた（図4.13）．最上位の目的は，不便益が目指す精神的豊かさ・自己実現を表現するために，「人を嬉しくする」と表現している．これを「不便益機能基本系統図」と呼ぶことにし，対象テーマに合った機能系統図の作成に活用する．

ここで再び注目したいのは，不便益機能基本系統図の各階層の「OR関係」と「AND関係」である．OR関係はどれか一つ以上の不便益機能を製品に取り入れることで上位目的を達成できるのに対し，AND関係は，その階層にある不便益機能を全て製品機能に取り入れなければ上位目的を達成できない．このように，各階層の機能分野の特徴を理解すると，適用製品の不便益機能系統図を早く確実に作成することができる．

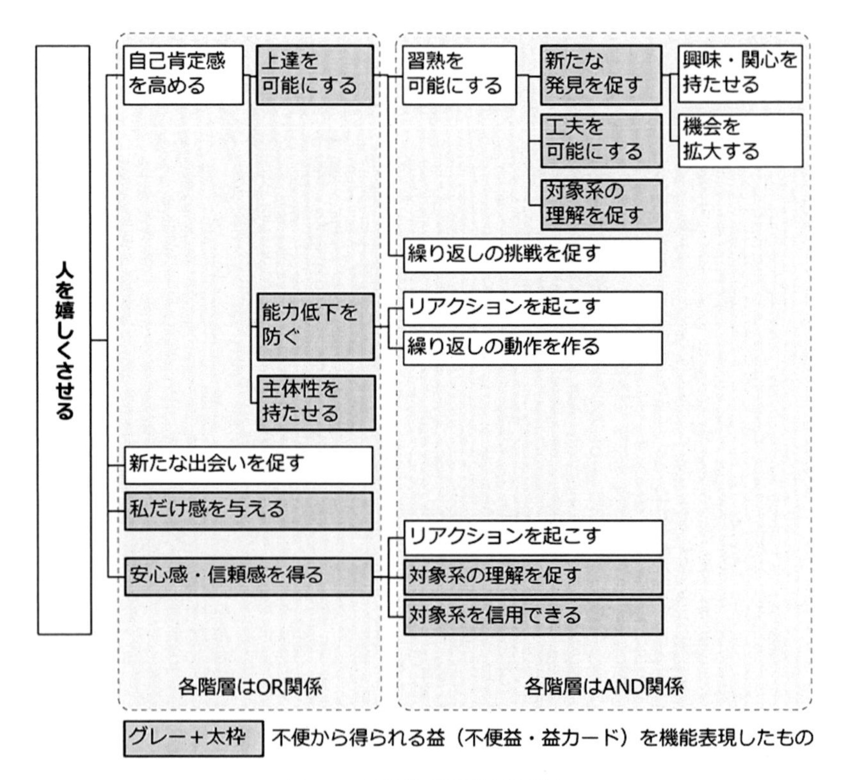

図4.13　不便益機能基本系統図

(2) 対象製品・サービスに適した不便益機能系統図の作成

次の段階では，不便益機能基本系統図を用いて，対象テーマに合った「不便益機能系統図」を作成する．以下では既存の計量スプーンの改善という例を示しながら，手法④の手順を説明する．計量スプーンに合った表現で見直した不便益機能系統図を図4.14に示す．

まず不便益機能基本系統図に示された「OR関係にある階層の不便益機能を選択し，対象テーマに照らした表現の見直しを行う．この事例では，第1階層で「自己肯定感を高める」を選択した．抽象的な概念にとどめるため，あえて機能表現の変更は行わなかった．続いて第2階層では「上達を可能にする」を選択し，計量スプーンという対象に照らして「料理の上達を可能にする」と表現を変更した．

続いて，下位の階層の不便益機能はAND関係であるため，全てが選択対象となる．そのため，この段階では全ての不便益機能の表現を見直す．図4.14太字部では，不便益機能基本系統図の「繰り返しの挑戦を促す」を「自分らしい味付けへの挑戦を促す」に，「新たな発見を促す」を「自分量の発見・探求を促す」というように，計量スプーンが料理に対する能動的な取り組みを後押しすることを意図して見直した．また，「工夫を可能にする」を「量の調整を可能にする」とし，人と計量スプーンとのインタラクション（相互作用）を引き出すよう工夫した．

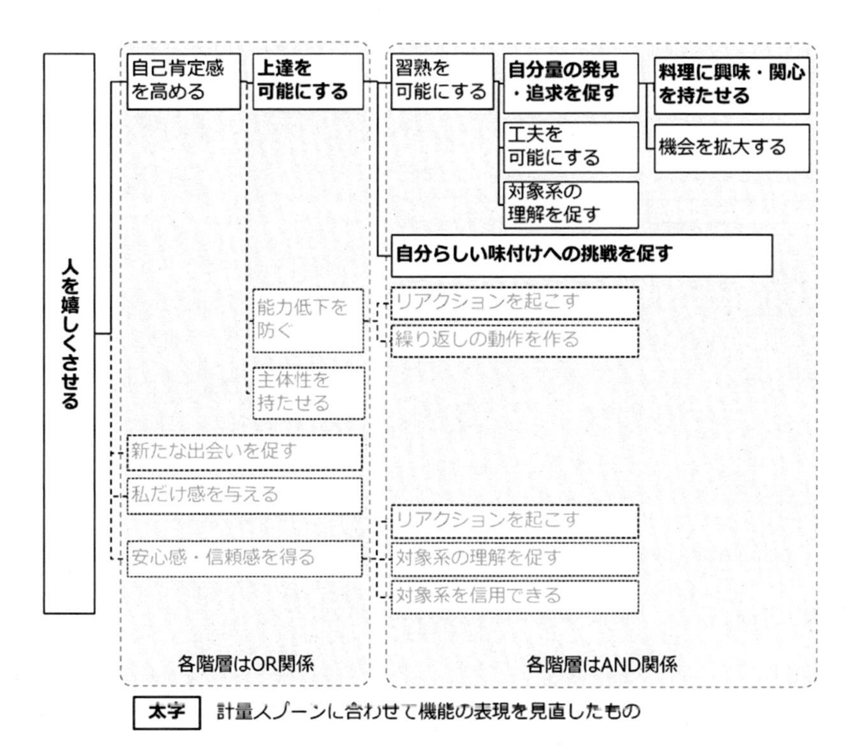

図4.14　計量スプーンの不便益機能系統図

4.6.2 手法④の事例

図4.14に示した計量スプーンの不便益機能系統図に基づき，不便だからこその益が得られる計量スプーンのアイデア出しを実施した．中には計量スプーンの概念から飛び出しているものもあった．

まず「自分量の発見・探求を促す」という不便益機能に着目し，計量スプーンに適当な孔を空け，調味料が一定の速度で漏れていくようにするというアイデアを出した．通常の計量スプーンは正確に同じ量を測ることができるが，偶然の発見を期待できない．孔が空いていることで，「量」ではなく調味料がこぼれ落ちる「時間」が料理の味に影響するのである．自分量は無限な可能性を持つだろう．

また，「自分らしい味付けへの挑戦を促す」という不便益機能については，同じ容積でこぼれる孔の大きさが異なっているが，見た目ではそれが分からない計量スプーン（偶然の発見を促す）や，砂糖・塩・胡椒の比率の調整が難しい計量器などを考案した．

4.6.3 手法④のまとめ

VE手法において，目的側から手段方向へと演繹的に必要機能を展開していくトップダウン型機能展開は，ボトムアップ型で作成した機能系統図と比べ，既存製品から離れた異質なアイデアを誘発することが期待できる．一方で，従来のVE手法の参考書[3]にはトップダウン型の機能展開の手順は示されておらず，これを作成するためには機能系統図作成の習熟が必要とされてきた．

そこで，事例から導き出した不便益の共通項を不便益機能に置換し，不便益機能基本系統図という一般形を提示することで，演繹的機能展開への障壁を下げることを試みた．これにより，ゼロベースで不便益機能を備えた製品を開発しやすくなったのではないだろうか．

不便益機能基本系統図から対象製品特有の不便益機能へ置換する際は，計量スプーンの事例で説明したように，どういう製品を開発したいか，どういう不便益で使用者の嬉しさ・楽しさを実現したいかを考え，不便益機能の定義に工夫を加えることが重要である．

4.7 まとめと今後の展望

本章で紹介した不便益を実現する4つの手法と事例では，不便から益を見いだす働きを「機能」として捉えることで，VE手法の根幹をなす機能的研究法を活用することができた．また，「不便と便利」，「益と害」から成るマトリクスの全ての象限から不便益へアプローチすることにより，手法体系に網羅性を与えることができた．

不便益・益カード（図4.12）から導き出された不便益機能（表4.4）は，数が限られ，かつ抽象的な概念にとどまっているが，それらから目的と手段の関係を見いだすことができた．そこで，手法④では基本形となる不便益機能の機能系統図をあらかじめ準備し，これを活用することで，ゼロベースからのアイデア発想を効率的・効果的に行うことを提案した．「第三の機能」である不便益機能を積極的に価値創造に取り入れることで，新しい製品・サービスが生み出されることが期待できる．

何度か述べたが，「益が得られやすい不便」と「不便から得られやすい益」については，今後，既存のものと重複しない新しい発見を期待したい．また，消費財だけでなく生産財にも不便益機能の適用を志向することは，新たな差異化の切り口となるであろう．さらに，商品開発のみならず，多様な生活価値観にも働きかけ，地域課題を解決し，真に豊かな社会づくりに貢献するために，不便益を実現するデザインプローチの汎用的・実践的な洗練化を進めたいと考えている．

第4章 参考文献

[1] Hasebe, Y., Kawakami, H., Hiraoka, T., Naito, K., A Card-Type Tool to Support Divergent Thinking for Embodying Benefit of Inconvenience, Web Intelligence, vol.13, no.2, pp.93-102 (2015.7) DOI:10. 3233/WEB-150312.

[2] 川上浩司,『ごめんなさい，もしあなたがちょっとでも行き詰まりを感じているなら，不便をとり入れてみてはどうですか？ 〜不便益という発想』，インプレス，2017.

[3] 産能大学VE研究グループ,『新・VEの基本』，土屋裕（監修），産業能率大学出版部,1998.

[4] 玉井正寿,『価値分析の進め方（第2版）VA/VEシステムと技法』, 日刊工業新聞社，1981.

おわりに

近年，日本社会内外の環境変化に伴い，商品価値の判断基準は大きく変化してきた．本書では，その判断基準を「不便vs.便利（物質的豊かさ）」×「害vs.益（精神的豊かさ）」という2軸の視点で捉えた．

20世紀は，概ね「不便害（不便で面倒）」から「便利益（便利で簡単）」を目指すモノづくりが主流であったが，現代では個人の達成感も重要視され，一見すると矛盾現象である「不便益（不便だからこそ自己達成感獲得）」もあり得る時代になった．また，新興国の現地コミュニティにおいては，限られた資源下で即席の問題解決を目指す「ジュガード(Jugaad)思考」が健在である．ジュガード思考から誕生したモノの中には，不便益に近い事例も確認できる．

そこで筆者らは，不便益機能を，使用機能（実用）や魅力機能（感性）に続く第三の機能と位置づけ，新たな価値創造を目指す「不便益機能を実装したVE/VMメソッド」を提案した．これが定着すれば，第3章で述べた日本と新興国の共生型モノづくりメソッドや，リスク感受性を高める新たな防災・減災メソッドへの展開も期待できる．

最後に，第1章から第4章までを改めて振り返り，本書で提案したVE/VMメソッドの今後の可能性を再確認することにしたい．

「第1章 日本のモノづくり産業の発展経緯と未来への提言」では，日本社会を取り巻く環境や経済発展の変化に応じて，日本のモノづくり産業の目指すべき方向性や市場が求める商品に対する価値観が大きく変化してきた点に着目した．その価値観を捉えるのは，前述したように，「不便vs.便利」と「害vs.益」といった対極の視点である．

経済成長を謳歌していた時代までは，利便性を追求し，不便害を脱却して便利益を目指す単調増加型のモノづくりが主流だったが，安定成長期以降は，個人の達成感や安心感が重視され，一見すると矛盾現象とも言える不便益が注目される時代になった．

「第2章 VEにおける第三の機能」では，まず，従来のVEで対象とする使用機能と魅力機能は不便益の概念をカバーしておらず，あくまで単調増加型のモノづくりに適した機能であることを再認識した．その前提のもとで，不便益機能という第三の機能を提唱し，従来の２タイプの機能と干渉することをいとわずに，ある程度の不便を肯定して益を得るモノづくりもあり得るとする「次世代型VE/VM」を提案した．不便益の概念は，人々が広く自己実現を図る現代社会において，世界中で求められるのではないだろうか．この背景には，世界的規模で導入が進められているSDGsの存在があるのも間違いない．

第２章までを通して，不便益という現象やその特徴，あるいは設計上意図されるべき不便益機能という第三の機能の存在の可能性などを，具体的なケース事例を通してご理解いただいたと思う．その上で，「第３章 世界のモノづくりアプローチと不便益」では，特に第１章の提言を踏まえて，不便益的価値が認知される（であろう）現代社会では，従来の先進国型のモノづくりアプローチだけでは限界があり，今後はインドやケニアなど新興国におけるモノづくりアプローチが大いに参考になるのではないかと述べた．

また，不便益コンセプトを防災・減災分野に導入する可能性も取り上げた．この分野では，災害情報の迅速な提供を目指し，スマホアプリやSNSとの連携を積極的に進めて，防災対策の利便化が評価されている．その反面，テクノロジーへの行き過ぎた依存は人間の危機感を低下させ，意思決定を鈍らせるという便利害的な現象も発生している．災害に対する人間の本能的な緊張感を保つには，不便益的なアプローチもまた有効であると示唆されたと言えよう．

最後に，「第４章 不便益を実現するデザインアプローチ」では，不便益機能を実現するための具体的な手法を４つ紹介している．それぞれ濃淡はあるものの，VEの機能本位の発想を意識した手法である．「手法② 便利害を不便益にする方法」や「手法④ ゼロベースで不便益アイデアを発想する方法」では，不便益機能を前面に展開した機能分析手法を活用している．また，「手法① 便利益を不便益にする方法」では不便益・原理カードを，「手法③ 不便害を不便益にする方法」では不便益・益カードを活用して，強制連想的に不便益機能を達成するアイデアを発想する手法を提案した．

以上のように本書は，まずはマクロ視点でモノづくりアプローチのパラダイムシフトを体系的に整理した上で，未来につながる新たなモノづくりアプローチの一つとして，不便益機能を実装したVE/VMメソッドを提案した．社会成長期にある日本は言うに及ばず，SDGsが提唱される世界レベルでこそ，このような不便益機能を実装したVE/VMメソッドの登場が望まれているのではないだろうか．

今後は，実務分野で広く本メソッドの適用を進め，その効果検証を行った上で，できるだけ早い段階で，不便益機能を実装した次世代型VE/VM実践編として書籍にまとめたいと思う．

2020年6月

代表著者　澤口 学

索引

著者紹介

澤口 学（さわぐち まなぶ）

代表著者
立命館大学大学院テクノロジー・マネジメント研究科教授，東北大学大学院工学研究科客員教授，早稲田大学理工学術院非常勤講師，博士（工学），Certified Value Specialist，公益社団法人日本バリュー・エンジニアリング協会バリューデザインラボ所長
担当章：第1章，第3章

川上 浩司（かわかみ ひろし）

代表著者
京都大学情報学研究科特定教授，京都先端科学大学教授，博士（工学）
担当章：第2章

松澤 郁夫（まつざわ いくお）

株式会社IHI 技術開発本部 ものづくり推進部 部長（執筆時点），Certified Value Specialist
担当章：第4章

宮田 仁奈（みやた にな）

株式会社IHI 航空・宇宙・防衛事業領域 民間エンジン事業部技術部 課長，Certified Value Specialist
担当章：第4章

西山 聖久（にしやま きよひさ）

名古屋大学特任講師，タシケント工科大学 副学長，博士（工学），VEスペシャリスト
担当章：第3章，第4章

Emanuel LELEITO（エマニュエル・レレイト）

名古屋大学工学研究科講師，博士（工学）
担当章：第3章

◎本書スタッフ
マネージャー：大塚 浩昭
編集長：石井 沙知
表紙デザイン：tplot.inc 中沢 岳志
技術開発・システム支援：インプレスR&D NextPublishingセンター

●本書の内容についてのお問い合わせ先

近代科学社Digital　メール窓口
kdd-info@kindaikagaku.co.jp
件名に「『本書名』問い合わせ係」と明記してお送りください。
電話やFAX、郵便でのご質問にはお答えできません。返信までには、しばらくお時間をいただく場合があります。なお、本書の範囲を超えるご質問にはお答えしかねますので、あらかじめご了承ください。

●落丁・乱丁本はお手数ですが、インプレスカスタマーセンターまでお送りください。送料弊社負担に てお取り替えさせていただきます。但し、古書店で購入されたものについてはお取り替えできません。
■読者の窓口
インプレスカスタマーセンター
〒 101-0051
東京都千代田区神田神保町一丁目 105番地
TEL 03-6837-5016／FAX 03-6837-5023
info@impress.co.jp
■書店／販売店のご注文窓口
株式会社インプレス受注センター
TEL 048-449-8040／FAX 048-449-8041

不便益の実装
バリュー・エンジニアリングにおける新しい価値

2020年7月17日　初版発行Ver.1.0（PDF版）

著　者　澤口 学,川上 浩司,松澤 郁夫,宮田 仁奈,西山 聖久,
Emanuel LELEITO
発行人　井芹 昌信
発　行　近代科学社Digital
販　売　株式会社近代科学社
〒162-0843
東京都新宿区市谷田町2-7-15
https://www.kindaikagaku.co.jp
発　売　株式会社インプレス
〒101-0051　東京都千代田区神田神保町一丁目105番地

印刷・製本　京葉流通倉庫株式会社
Printed in Japan

ISBN978-4-7649-6011-4